Lebenslauf.

Ich, Otto Groll, wurde am 31. August 1896 zu Meppen geboren. Erhielt dort, in der Volksschule und im Gymasium, meine Schulbildung. Im August 1914 ging ich mit dem Reifezeugnis für Oberprima vom Gymnasium ab, um mich als Kriegsfreiwilliger zu melden. Von da bis zum 3. Januar 1919 war ich Soldat. Ich bin Reserve-Offizier geworden.

Von 1919 I.Z.S. ab habe ich studiert in Münster (3), Göttingen (3), Münster (1) und Breslau (3). In der Hauptsache habe ich mich der Zoologie gewidmet, dann der Botanik, Mathematik und Geographie.

———————

Referent: Professor Dr. B. Dürken.

———————

Rigorosum: 7. März 1923.

Gedruckt mit Genehmigung der Hohen Philosophischen Fakultät der Schles. Friedrich Wilhelms-Universität zu Breslau.

Über
Transplantation von Rückenhaut an Stelle der Conjunctiva bei Larven von Rana fusca (Rösel)

Von

Otto Groll

Mit 30 Textabbildungen

Sonderdruck aus
dem Archiv für
Mikroskopische Anatomie
und
Entwicklungsmechanik
Herausgegeben von
Wilhelm Roux
unter Mitwirkung von **H. Braus** und **H. Spemann**
100. Band 1./2. Heft

Springer-Verlag Berlin Heidelberg GmbH
1923

ISBN 978-3-662-28052-2   ISBN 978-3-662-29560-1 (eBook)
DOI 10.1007/978-3-662-29560-1

Das Archiv für mikroskopische Anatomie und Entwicklungsmechanik der Organismen

steht offen noch nicht publizierten exakten Forschungen sowohl über die mikroskopische Anatomie der Lebewesen wie besonders über die Ursachen aller Lebensgestaltungen einschließlich der Vererbungs- und Variationsforschung.

Das Archiv erscheint zur Ermöglichung raschester Veröffentlichung in zwanglosen einzeln berechneten Heften; mit etwa 40 Bogen wird ein Band abgeschlossen.

Der für diese Zeitschrift berechnete Preis des Heftes gilt nur zur Zeit des Erscheinens. Später tritt eine wesentliche Erhöhung ein.

Die Mitarbeiter erhalten von ihren Arbeiten, welche nicht mehr als 24 Druckseiten Umfang haben, **100 Sonderabdrücke**, von größeren Arbeiten 60 Sonderabdrücke unentgeltlich. Doch bittet die Verlagsbuchhandlung, nur die zur tatsächlichen Verwendung benötigten Exemplare zu bestellen. Über die Freiexemplarzahl hinaus bestellte Exemplare werden berechnet. Die Mitarbeiter werden jedoch in ihrem eigenen Interesse dringend ersucht, die Kosten vorher vom Verlage zu erfragen, um spätere unliebsame Überraschungen zu vermeiden.

Die derzeitigen überaus schwierigen Verhältnisse nötigen, in Zukunft **streng auf** die bisher empfohlene aber zumeist nicht berücksichtigte **knappste Fassung** und **größte Sparsamkeit in Abbildungen zu halten**. Nachträgliche Kürzungen sowie Verminderungen der Abbildungen sind sehr mühsam. Bloß das Wichtigste und schwer Beschreibbare bedarf der bildlichen Darstellung. Zugleich wird ersucht, auf bereits in einem der beiden Archive oder in den verbreiteten »Ergebnissen« und Monographien befindliche Literaturverzeichnisse zu verweisen und nur die neuere Literatur genau anzugeben.

Die neuen ungeheuren Portokosten machen es erforderlich, **vor der Einsendung eines Manuskriptes** durch Karte dem Herausgeber die Art des Inhalts (ob auf Kausalität bezüglich, ob experimentell, histogenetisch, einfach formbeschreibend), Umfang in Archiv-Druckseiten, Zahl der Tabellen, Zahl und Art der Abbildungen zu melden und seine Antwort abzuwarten.

Alle Manuskripte und Anfragen sind zu richten an Geheimrat Professor Dr. Dr. W. Roux, Halle a. S., Reichardtstraße 20.

Der Herausgeber   **Verlagsbuchhandlung Julius Springer**
Roux.   **in Berlin W 9, Linkstraße 23/24.**

Fernsprecher: Amt Kurfürst, 6050—6053. Drahtanschrift: Springerbuch-Berlin.
Reichsbank-Giro-Konto u. Deutsche Bank, Berlin, Dep.-Kasse C
Postscheck-Konten:
für Bezug von Zeitschriften und einzelnen Heften: Berlin Nr. 20120 Julius Springer, Bezugsabteilung für Zeitschriften;
für Anzeigen, Beilagen und Bücherbezug: Berlin Nr. 118935 Julius Springer.

Über Transplantation von Rückenhaut an Stelle der Conjunctiva bei Larven von Rana fusca (Rösel).

Von
Otto Groll.

(Aus der Entwicklungsmechanischen Abteilung des Anatomischen Instituts Breslau.)

Mit 30 Textabbildungen.

(Eingegangen am 15. März 1923.)

Inhaltsübersicht.

	Seite
Einleitung	385
Material und Operationsmethode	386
Herstellung der für die Operation benötigten Instrumente	390
Versuchsergebnisse	392
A. Exstirpation des Auges unter Schonung der Conjunctiva	392
B. Abtragung der Conjunctiva	397
C. Transplantation von Rückenhaut an Stelle der Conjunctiva	406
D. Zusammenfassende Besprechung aller drei Serien	419
E. Bemerkungen über die Differenzierung von Vorderbeinanlagen, die in den transplantierten Hautstücken mit übertragen wurden	425
F. Zusammenstellung der Resultate	426
Literaturverzeichnis	428

Einleitung.

An den Augen der Amphibien sind schon mannigfache Untersuchungen ausgeführt worden. Verhältnismäßig wenige davon befassen sich mit der Conjunctiva bezüglich Corneaepithel. Einen neuen Beitrag zu ihrem entwicklungsmechanischen Verhalten soll diese Arbeit geben.

Die Experimente wurden im Frühjahr 1922 gemacht. Es sollte untersucht werden, ob Rückenhaut von *Rana fusca (Rösel)* über das Auge transplantiert sich zu einer Conjunctiva umgestalten kann; ferner sollten einige Versuchsserien über die Beteiligung des Auges an der Erhaltung und Ausbildung der Conjunctiva Aufschluß geben.

Fischel (12) hat gezeigt, daß bei Urodelen Linse, Linsentrümmer, Augenbecher und Gewebstrümmer desselben unter die Haut transplantiert, eine Umwandlung dieser herbeiführen, die als beginnende Umbildung der Haut zu einer Conjunctiva gedeutet werden muß.

Nach Abschluß meiner Versuche kam mir eine Arbeit zu Gesicht (*Cole*, 4), die über ähnliche Experimente, wie ich sie ausgeführt habe, an *Rana calamitans* und *catesbeiana* berichtet. Die Ergebnisse weichen, wie später noch ausgeführt wird, in manchen Punkten von den meinigen ab.

Verwandte Untersuchungen, d. h. Untersuchungen über die Frage, wie weit ein Transplantat von seinem Träger beeinflußt wird, liegen in größerer Anzahl vor (vgl. *Dürken*, Experimentalzoologie, 1919). Teils zeigen diese eine sehr weitgehende Beeinflussung des Transplantats, teils geringere oder gar keine. Auch in meinen Experimenten trat nicht in allen Fällen Umbildung zu einer Conjunctiva ein, sondern in manchen Fällen entwickelte sich die transplantierte Haut fast unbeeinflußt von ihrem neuen Platz zu normaler Haut weiter. Der Grund dieses verschiedenen Verhaltens wird in folgendem noch gezeigt werden.

Herrn Professor *Dürken*, der mich zu dieser Arbeit veranlaßte, möchte ich auch an dieser Stelle für die vielfache Anregung und Förderung meiner Arbeit meinen ergebensten Dank aussprechen.

Material und Operationsmethode.

Die zur Untersuchung verwendeten Larven stammen aus der Umgebung Breslaus und wurden aus künstlicher Besamung gewonnen.

Um während eines möglichst langen Zeitraums stets Operationsmaterial im gewünschten Stadium zu haben, wurden die besamten Eier nicht alle unter denselben Temperaturbedingungen gehalten, sondern ein Teil im geheizten Zimmer, einer im ungeheizten (etwa 7—10° im Durchschnitt) und der Rest im Eisschrank bei +3—5°. Irgendeinen schädlichen Einfluß dieses Verfahrens konnte ich nicht feststellen, soweit mein Versuchsmaterial in Frage kam. Es scheint aber, daß übermäßig lange Ausdehnung des Aufenthalts im Eisschrank die Entwicklung ungünstig beeinflußt; denn in einer solchen Zucht, die ich zur Kontrolle anstellte, waren normale Tiere kaum zu finden. Entweder waren die Larven auffallend klein bei sonst normalen Verhältnissen — die Tiere waren bis zum Schlüpfen aus den Eihüllen im Eisschrank geblieben —, oder es waren geradezu starke Verkümmerungen und Mißbildungen vorhanden, die äußerlich — eine innere Untersuchung wurde nicht gemacht — hauptsächlich den Schwanz betrafen. Dieser war an der Wurzel rechtwinklig zur dorso-ventralen Medianebene abgeknickt. Die letzten zwei Drittel des Schwanzes waren durch eine erneute Knickung wieder zur Längsachse parallel gestellt. Ob die Mißbildungen durch die lange Einwirkung der Kälte auf das frühembryonale Stadium hervorgerufen sind, lasse ich dahingestellt. Jedenfalls verlief die Entwicklung der zur Operation benutzten Tiere durchaus normal. Sie waren auch, wie schon erwähnt, nie so lange im Eisschrank gewesen, wie diese zur Kontrolle angesetzte Zucht.

Bei der Operation kam es mir darauf an, die Conjunctiva mit Sicherheit ganz zu entfernen, aber auch nicht viel mehr, um die Wunde nicht übermäßig groß werden zu lassen. An Stelle der abgetragenen Conjunctiva wurde dann ein möglichst gleichgroßes Stück Rückenhaut gesetzt.

Unter Conjunctiva verstehe ich hier die aufgehellte Epidermis über dem Auge (vgl. Abb. 16). Darunter liegt die erste Anlage der Cornea, vereinzelte spindelförmige Bindegewebszellen. Mit zum Auge gehört eine dünne Lamelle — ich bezeichne sie als Cornealamelle —, die aus einer einschichtigen Lage stark abgeplatteter Zellen besteht.

In einer Serie wurde nur die Conjunctiva entfernt, ohne die Wunde nachher mit anderer Haut zu bedecken.

In einer anderen Serie wurde unter der unverletzten Conjunctiva das Auge fortgenommen. Zu diesem Zwecke wurde am Hinterrand der Conjunctiva ein Schnitt durch die Haut gemacht, aus dem das Auge herausgedrückt und dann entfernt wurde.

Schwierig war die Umschneidung der Conjunctiva und des zu transplantierenden Stückes Rückenhaut. Nach einigen vergeblichen Versuchen führte schließlich folgende Methode zum Ziel.

Stahlnadeln wurden mit einer etwa $1/2$—1 cm langen dreikantigen Spitze versehen und in einem Nadelhalter befestigt. — Dies Instrument bezeichne ich weiterhin als Lanzette. — Ferner gebrauchte ich noch ein zweites Instrument, ich will es Spatel nennen: Ein an einer Stelle plattgepreßter Glasstab wurde ausgezogen und gebogen, so daß ein Instrument entstand, wie es nebenstehende Abb. 1 darstellt.

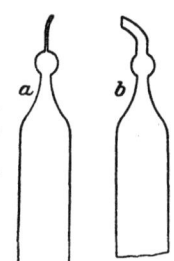

Abb. 1. Spatel.
a Ansicht von vorne.
b Ansicht von der Seite.

Die Operation ging nun folgendermaßen vor sich: Jedesmal zwei Larven wurden ohne Narkose auf eine Glasplatte mit angefeuchtetem Fließpapier gelegt. Achtet man darauf, daß das Papier nicht zu feucht ist, dann können die Tiere sich nicht bewegen. Freilich darf man das Papier auch nicht zu trocken nehmen, da sonst die Tiere bald austrocknen würden.

Unter dem Binokular durchstach ich dann dem einen Tiere, etwas von der Conjunctiva entfernt, die Haut mit der Lanzette; dann führte ich diese unter der Haut in der Richtung weiter, in der der Schnitt liegen sollte. Dabei diente der Spatel in der linken Hand zum Festhalten des Tieres. War die Lanzette weit genug untergeschoben und so gedreht, daß eine ihrer drei Schneiden gegen die Haut gekehrt lag, so fuhr ich mit dem Spatel, diesen leicht aufdrückend, die Schneide der Lanzette entlang. Damit war der Schnitt gemacht. Drei weitere Schnitte wurden in gleicher Weise hergestellt, so daß dann ein quadratisches Stück Haut, in dessen Mitte die Conjunctiva lag, umschnitten war (vgl. Abb. 17). Dieses Hautstück wurde dann mit der Lanzette abgehoben.

Der Blutverlust ist bei dieser Operation sehr gering. Hat man etwas zu tief gestochen, so trifft man leicht eine Kiemenader, und es tritt dann etwas mehr Blut aus, das aber sofort gerinnt und weitere Blutungen verhindert. Diese geringen Blutverluste schaden nichts.

Nach Entfernung der Conjunctiva schnitt ich bei dem anderen Tier in gleicher Weise ein Stück Rückenhaut in passender Größe aus und legte dies mit Hilfe der Lanzette oder des Spatels über das Auge. Bald bekam ich die nötige Übung und Sicherheit in der Ausführung, so daß die Dauer der Gesamtoperation nicht mehr als 5—8 Minuten betrug. Nach Beendigung der Operation legte ich das Tier, dem die Rückenhaut entnommen war, in Formol (3%). Hierin hob ich es für etwaige Messungen oder sonstige Kontrollen auf.

Das andere Tier mit dem Transplantat bedeckte ich mit einem tiefen Uhrglasschälchen, um eine zu starke Austrocknung zu vermeiden, und beließ es darunter etwa 15—25 Minuten, im Anfang 1 Stunde. In dieser Zeit klebt nach meinen Erfahrungen das Transplantat genügend an. Ehe ich nun das Tier ins Aquarium setzte, überzeugte ich mich unter dem Binokular noch einmal, ob das Transplantat richtig saß. Um zu sehen, ob es auch schon genügend festgeklebt war, betupfte ich es mit einer angefeuchteten geknöpften Glasnadel.

Tiere, die ein schlecht sitzendes oder ein nach 25 Minuten noch nicht angeklebtes Transplantat hatten, habe ich nicht zur Aufzucht verwendet.

Die zur Operation verwendeten Tiere hatten 4,5—8 mm Mund-Afterlänge. Abgetragen wurde immer die Conjunctiva des linken Auges.

Transplatatträger und -geber waren stets Geschwister aus demselben Laichballen.

Die Aufzucht der Tiere geschah in gut und ständig durchlüfteten Aquarien. Als Futter wurden Algen, zerschnittene Regenwürmer und abgehäutetes Froschfleisch verabreicht.

Die Sterblichkeit der Tiere war nicht groß. Nur die Tiere aus einer bestimmten künstlichen Besamung hatten eine auffallend hohe Sterblichkeit.

Über die Zahl der operierten Tiere gibt folgende Tabelle (S. 390) Aufschluß.

In den ersten 3 Tagen nach der Operation wurden die Tiere täglich, später alle 2—4 Tage kontrolliert. Zu diesem Zwecke wurden die Tiere in Chloroformwasser betäubt und unter Wasser in einem Schälchen mit dem Binokular kontrolliert. Kontrolle an der Luft erwies sich als ungeeignet.

Zum Photographieren wurden die Tiere in gleicher Weise betäubt. Die Aufnahme geschah in einem mit Wasser gefüllten Schälchen, dessen

	Zahl der operierten Tiere	Während der Aufzucht fixiert oder gestorben	Bis über die Metamorphose hinaus aufgezogene Tiere
Transplantation von Rückenhaut	87[1])	79	8 davon mit Conjunctiva: 4 ohne: 4
Abtragung der Conjunctiva . . .	64	55	9 davon mit zwei normalen Augen: 3 Auge der operierten Seite eingeschmolzen: 6
Exstirpation des Auges.	20	9	11

[1]) Bei dieser Serie blieben aus einem bestimmten Laichballen von 30 Tieren nur 2 Stück bis 5 Tage nach der Operation am Leben.

Boden mit Paraffin — weiß oder mit Kienruß geschwärzt — ausgegossen war.

Es kam wohl gelegentlich vor, daß Tiere, die kontrolliert und hinterher photographiert werden sollten, zu tief chloroformiert wurden. Im allgemeinen blieb dann nichts anderes übrig, als die Tiere zu fixieren. Eines Tages kam ich auf den Gedanken, es in solchen Fällen mit Kampfer zu versuchen. Einige Proben an nicht operierten Tieren hatten recht günstige Erfolge. Stets wachten die mit Kampfer behandelten Tiere früher auf, als die anderen. Und manchmal gelang es mir bei sehr tiefen Narkosen, bei denen die Kontrolltiere eingingen, die mit Kampfer behandelten Tiere am Leben zu erhalten. Daraufhin gebrauchte ich dann bei zu tiefen Narkosen diese Methode mit bestem Erfolge auch bei meinen Versuchstieren.

Die Anwendung von Kampfer geschah in folgender Weise: Ein kleines Stückchen Kampfer wurde in eine Schale mit frischem Wasser getan und, mit einem Stückchen Fließpapier bedeckt, auf dem Boden durch kleine Metallklötzchen festgehalten. Auf das Fließpapier, über die Stelle, an der der Kampfer lag, wurde dann die zu tief narkotisierte Larve gelegt. Nach einiger Zeit begann sie dann sich zu bewegen. Sobald sie fortschwamm, wurde sie in frisches Wasser gebracht.

Die im Verlauf des Versuchs nötigen Fixierungen wurden mit kalter Zenkerflüssigkeit gemacht.

Ein Teil der Versuchstiere wurde bis über die Metamorphose hinaus aufgezogen. Die metamorphosierten Fröschchen wurden in Aquarienbehälter gesetzt, die eine etwa zwei Finger dicke Flußsandschicht hatten. Darauf wurde ein Stück Rasen gelegt, das vorher geschoren wurde. In einer Ecke blieb der Boden von Sand und Gras frei. Diese Ecke bildete das Wasserbecken. Mit Gaze wurden die Behälter zugebunden, damit die Futtertiere — Fliegen aus *Drosophila*-Zuchten — nicht fortfliegen konnten. Auch der Fröschchen selbst wegen geschah die Bedeckung; denn diese kletterten oft an den Glaswänden hoch, wobei sie sich durch Andrücken des Bauches am Glase festhielten.

Herstellung der für die Operation benötigten Instrumente.

Einige Angaben über die Herstellung der Instrumente dürften von allgemeinem Interesse sein.

Zum Schleifen der Lanzette benutzt man am besten einen kleinen, schnell rotierenden Trockenschleifapparat mit möglichst feinkörniger Schmirgelscheibe. 3,5—5 cm als Durchmesser für die Schmirgelscheibe genügen vollständig.

Zum Festhalten der zu schleifenden Stahlnadeln hat man einen Nadelhalter mit sechskantigem Heft nötig. Falls ein solcher nicht zu haben ist, kann man sich behelfen, indem man die Zwinge eines Nadelhalters auf einem sechskantigen Bleistift befestigt. Die Seiten des Halters bezeichnet man mit den Zahlen 1—6.

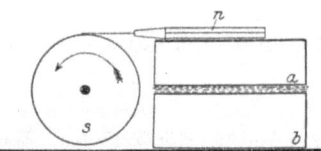

Abb. 2. Schleifapparat. *a* und *b* stellen zwei Holzklötzchen dar, zwischen denen sich eine Lage Fließpapier befindet. Dadurch bekommt man eine nachgiebige Unterlage für den auf *a* liegenden Nadelhalter mit Nadel (*n*). Die Schleifscheibe (*s*) muß in der angegebenen Richtung rotieren.

Schließlich muß man sich noch eine kleine Unterlage bauen, auf der beim Schleifen der Nadelhalter ruht (vgl. Abb. 2). Diese muß so hoch sein, daß die Spitze der Nadel nur leicht der höchsten Stelle der Schmirgelscheibe aufliegt. Damit man beim Schleifen die Nadel andrücken kann, darf die Unterlage nicht aus einem kompakten Holzklotz bestehen. Zweckmäßig nimmt man zwei Holzklötzchen von passender Stärke, zwischen die man einige Lagen Fließpapier legt, wie das auch in Abb. 2 dargestellt ist.

Als Material für die Lanzetten nimmt man Nähnadeln.

Um die Nadel zuzuschleifen, spannt man sie fest in den Nadelhalter ein und legt diesen dann mit der Seite 1 auf die Unterlage. Hat man eine gute, schnell rotierende Schmirgelscheibe, so ist die Nadel in wenigen Augenblicken zugeschliffen. Man muß sich aber hüten, die Spitze der Nadel abzuschleifen; ebenso falsch wäre es aber auch, wenn man nicht bis zur äußersten Spitze der Nadel schleifen würde. Abb. 3 gibt ein Bild einer richtig und einer falsch zugeschliffenen Nadel. Unter der Lupe oder besser unter dem Binokular überzeugt man sich, ob der Schliff richtig ist. Er muß etwa 1—1 $^1/_2$ cm lang sein.

In vielen Fällen, bei einfachen Operationen, und dort, wo die Epidermis nicht zu derb ist, genügt dieser eine Zuschliff. Seine beiden Kanten geben eine genügend scharfe Schneide ab. Diese Lanzette dringt aber nicht so leicht ein wie eine dreikantige.

Will man die Lanzette dreiseitig zuschleifen, so legt man nach Fertigstellung des ersten Schliffs den Nadelhalter mit der mit 3 bezeichneten Seite auf die Unterlage und schleift dann wie beim erstenmal ab. Auch jetzt ist unbedingt darauf zu sehen, daß man bis zur vordersten Spitze abschleift, diese selbst aber nicht verletzt. Für den dritten Zuschliff legt man den Halter auf Seite 5 und verfährt wie vorher. Die Lanzette ist fertig geschliffen, wenn sie drei scharfe, gerade, $1/2$—1 cm lange Kanten hat. Bemerkt man dann noch Mängel, so kann man leicht nachschleifen, wenn man den Nadelhalter wieder mit der richtigen Seite auf die Unterlage legt. Den beim Schleifen an den Kanten sich bildenden Grat entfernt man dadurch, daß man die Nadel einige Male vorsichtig durch ein mehrfach gefaltetes Leinwandläppchen stößt.

Abb. 3. Schematische Darstellung einer richtig und einer falsch zugeschliffenen Nadel. Die ausgezogene Linie stellt den richtigen Schliff dar, die punktierte eine nicht bis zur Spitze abgeschliffene Nadel, und die gestrichelte eine Nadel, der die Spitze mit abgeschliffen wurde.

Je nach der Art der Operation kann man sich die Lanzette zweckmäßig biegen. Mir kam es darauf an, daß ich die vier benötigten Schnitte ausführen konnte, ohne die Kaulquappe dabei zu drehen; denn dadurch wäre die Gesamtdauer der Operation ziemlich verlängert worden. Ich habe die Lanzette so gebogen, wie Abb. 4 zeigt, und konnte damit bequem in jeder Richtung schneiden. Handelt es sich aber etwa bloß um einen Schnitt, und kann man dabei das Objekt passend orientieren, dann braucht man die Lanzette nicht zu biegen.

Wenn man die Lanzette, um sie zu biegen, erwärmt, so muß man verhindern, daß dabei die Spitze anläuft; denn dadurch wird sie enthärtet und unbrauchbar. Auf folgende Weise kommt man zum Ziele: Kurz vor der Biegestelle — nach der

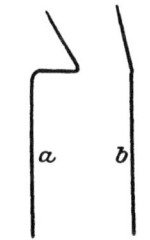

Abb. 4. Gebogene Lanzette. a Vorderansicht, b Seitenansicht.

Schneide zu — faßt man die Lanzette mit einer Rundzange. In einer 1—2 cm langen, spitzen Gasflamme erwärmt man jetzt die Biegestelle bis zur Rotglut, biegt die Lanzette in die gewünschte Richtung und zieht sie aus der Flamme heraus. Auf diese Weise kann die Schneide nicht zu warm werden; denn die Wärme wird vorher von den Backen der Zange abgeleitet. Ist die Schneide aber angelaufen, dann erspart man sich viel Ärger, wenn man die Lanzette fortwirft, ehe man versucht, die verdorbene von neuem zu härten, oder sie enthärtet zu verwenden. Dagegen dauert das Schleifen einer dreikantigen Lanzette auf einer guten, schnell rotierenden Schmirgelscheibe bei einiger Übung nur 2—4 Minuten.

Der Spatel braucht nicht unbedingt aus Glas zu sein. Man kann auch eine dicke Metallnadel stumpf abkneifen, etwas flach feilen und dann gut polieren. Doch ziehe ich Glasinstrumente vor.

Man macht einen Glasspatel am besten nicht aus einem Stück, sondern schmilzt ihn aus zwei Teilen zusammen. Der eine bildet das Heft, an das man einen Glasstreifen anschmilzt.

Den Glasstreifen stellt man sich auf folgende Weise her: Man erwärmt einen Glasstab, als ob man ihn zu einem Glasfaden ausziehen wollte. Ehe man aber mit dem Ausziehen beginnt, drückt man mit einer Flachzange die erhitzte Stelle platt, erwärmt dann von neuem und zieht nun erst aus. Dann bekommt man keinen runden Faden, sondern ein flaches Band. Aus diesem bricht man sich ein Stück von gewünschter Stärke aus. Dieses schmilzt man in der Stichflamme eines Mikroglasbrenners nach *Spemann* an den als Heft dienenden Glasstab an. Durch vorsichtiges Erwärmen und Biegen in der Flamme bringt man den Glasstreifen dann in die passend erscheinende Lage. Danach bricht man ihn auf die gewünschte Länge ab, nachdem man vorher die Bruchstelle mit einem Schreibdiamanten geritzt hat. Die Bruchstelle selbst hält man dann noch einen ganz kurzen Moment in die Flamme, um die scharfen Kanten etwas abzurunden. Abb. 2. zeigt, wie etwa der fertige Spatel aussehen kann.

Die Versuchsergebnisse.

Wie schon erwähnt, machte ich außer den Transplantationsversuchen auch noch zwei andere Untersuchungen: Fortnahme der Conjunctiva und Fortnahme des Auges unter Schonung der Conjunctiva. Mit der Beschreibung dieser letzteren Serie will ich beginnen.

Die Zeitangaben, die im folgenden gemacht sind, sind nach meinem Versuchsprotokoll eingetragen. Bei ihrer Bewertung ist der große Einfluß, den die Temperatur auf den Ablauf der Entwicklungsvorgänge hat, zu berücksichtigen.

A. *Exstirpation des Auges unter Schonung der Conjunctiva.*
1. Beschreibung der Befunde.
a) Am lebenden Tier.

Die Größe der zur Operation benutzten Tiere war etwa 8 mm Mund-Afterlänge. Die Conjunctiva war vollständig aufgehellt. Kein Tier starb an den Folgen der Operation.

Die Operation ist eine sehr einfache. Man macht nur den in Abb. 17 mit 1 bezeichneten Schnitt am Hinterrande der Conjunctiva. Drückt man dann mit einer geknöpften Nadel leicht auf die Conjunctiva in caudaler Richtung, so gleitet das Auge durch die Schnittöffnung. Durch Abstreifen mit der Lanzette wird es vom Opticus abgetrennt.

Nach 5 Tagen war von dem Schnitt nichts mehr zu sehen. Nur wenn beim Schneiden etwas zu tief gestoßen wurde, war die Verheilung nicht ganz glatt erfolgt. Nach weiteren 3 Tagen war aber auch hier nichts mehr von dem Schnitt zu erkennen.

An der Conjunctiva ist in den ersten Tagen keine Änderung zu bemerken. Vom 7. Tage ab beobachtete ich auf der Conjunctiva Melanophoren. Zuerst treten diese am dorsalen Rand derselben auf. Später auch an den anderen Rändern. Am längsten bleibt das Zentrum frei von ihnen. Abgesehen von den Melanophoren, bleibt die Conjunctiva lange Zeit klar durchsichtig. So konnte man z. B. deutlich die Form der Melanophoren erkennen, die in dem Gewebe, das die leere Orbita ausfüllt, vorhanden sind.

Eine Trübung der Conjunctiva macht sich erst nach 6 Wochen stärker bemerkbar. Auch diese tritt zuerst in den Randpartien derselben ein, während das Zentrum noch in und nach der Metamorphose sich durch seine Durchsichtigkeit deutlich von der umgebenden Haut unterscheidet.

Zu derselben Zeit, wenn die Bildung der Lidfalten am normalen Auge des Tieres beginnt, treten im Conjunctivagebiet der operierten Seite Falten auf, je eine dorsale und eine ventrale. Diese legen sich über die Ränder der Conjunctiva. An ihrem vorderen Ende vereinigen sie sich. Eine dritte Falte erhebt sich am caudalen Rande der Conjunctiva und reicht bis fast an diese Vereinigungsstelle. Sie teilt die Conjunctiva in eine obere und untere Partie.

Gegenüber der durch die Umänderungen in der Metamorphose völlig undurchsichtig gewordenen Körperhaut tritt die Pigmentierung der Conjunctiva ganz zurück. Ich bekam dadurch den Eindruck, als ob sie durchsichtiger wäre als vorher.

Nach der Metamorphose wurden die Tiere fixiert.

b) Am fixierten Material.

Der Beschreibung des Befundes am fixierten Material möchte ich folgendes vorausschicken: Pigmentiert nenne ich die Haut, deren Zellen Pigmentgranula besitzen. Diese besteht aus feinen, schwarzen Pigmentkörnchen, die in den Zellen der äußeren Epithelschicht der Epidermis verteilt sind. Außerdem können auch noch Melanophoren in der pigmentierten Haut vorkommen. Eine Conjunctiva, die nur Melanophoren und keine Pigmentgranula hat, nenne ich unpigmentiert.

Diese Unterscheidung gilt auch für die übrigen nachfolgenden Abschnitte dieser Arbeit.

Für Herstellung von Totalpräparaten wurden eingebettete Larven wieder entparaffiniert in Xylol, hierin wurde auch die Abpräparation der Haut vorgenommen. Diese wurde dann in Kanadabalsam eingeschlossen.

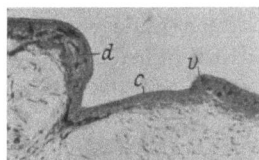

Abb. 5. Totalpräparat des Conjunctivagebietes eines Tieres, das 39 Tage nach der Augenexstirpation fixiert wurde. (Dunkelfeldaufnahme.)

Das ungefärbte Totalpräparat einer Larve, die nach 39 Tagen fixiert wurde, zeigt folgendes (vgl. Abb. 5): Von einem Saum, in dem sich nur Melanophoren befinden, ist eine noch ganz durchsichtige Fläche der Conjunctiva umgeben. Der äußere Rand dieses Saumes ist durch die nicht sehr deutliche und scharfe Grenze der pigmentierten Körperhaut gegeben. Vergleicht man die Fläche, die von der pigmentierten Haut umschlossen ist, mit einer Conjunctiva des Ausgangsstadiums, so sind beide annähernd gleich groß. Ihre Durchmesser verhalten sich etwa wie 10 : 13. Dagegen ist der Durchmesser der Conjunctiva der nicht operierten Seite ums Doppelte gewachsen.

In dem Totalpräparat einer Larve, die nach 48 Tagen fixiert worden war, finden sich auf der ganzen Conjunctiva Melanophoren, in der

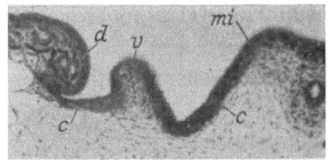

Abb. 6. Abb. 7.

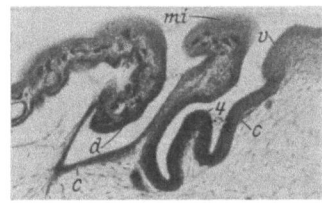

Abb. 8.

Abb. 6, 7, 8. Querschnitte durch Tiere, denen das Auge exstirpiert war, und die zu Beginn (6), vor Beendigung (7), und nach Beendigung (8) der Metamorphose fixiert wurden. *c* Conjunctiva; *d* dorsale, *mi* mittlere, *v* ventrale, *4* 4. Falte.

Mitte noch etwas weniger zahlreich, als nach dem Rande zu. Die Grenze der pigmentierten Haut hat sich nur um einen geringen Betrag nach dem Zentrum zu verschoben. Das Verhältnis des Durchmessers der von der pigmentierten Haut umschlossenen Fläche zu dem Durchmesser der Conjunctiva des Ausgangsstadiums ist etwa 9 : 13. Dabei ist aber zu beachten, daß die Grenze noch beträchtlich unschärfer geworden ist, als das schon bei der vorher besprochenen Conjunctiva der Fall war. Dies muß bei Bewertung der angegebenen Zahlen berücksichtigt werden.

Die Abb. 6, 7, 8 zeigen drei verschiedene Stadien der Ausbildung der Falten im Bereich der Conjunctiva. In Abb. 6 hat sich letztere gegenüber der Körperhaut etwas eingesenkt, am dorsalen Rande stärker als am ventralen. In Abb. 7 liegt der Umschlagsrand der Conjunctiva in die Rückenhaut unter der letzteren, während der ventrale Umschlagsrand freiliegt. Zwischen beiden liegt eine Falte, in der sich Anlagen von Hautdrüsen finden. Abb. 8 stammt von einem Tier, das nach völlig beendeter Metamorphose fixiert wurde. Hier hat sich die dorsale Falte noch mehr nach innen umgelegt und die Conjunctiva fast ganz bedeckt. Die mittlere Falte erhebt sich bis zur Höhe der Rückenhaut und zeigt in ihrer Kuppe denselben Ausbildungsgrad ihrer Schichten, wie diese. Auch an der ventralen Falte ist die Conjunctiva ganz unter der Oberfläche verschwunden. Die Haut zwischen der ventralen und mittleren Falte zeigt in der Nähe der letzteren eine neue Faltenbildung, deren Anlage man in den Schnittserien der beiden vorhergehenden Stadien noch nicht erkennen kann. Die Strecken zwischen der dorsalen und mittleren Falte und zwischen der ventralen und der neu aufgetretenen vierten Falte gleichen der Conjunctiva der vorhergehenden Stadien. Die Haut der vierten Falte sieht aus wie Körperhaut von Larven, die vor der Metamorphose stehen.

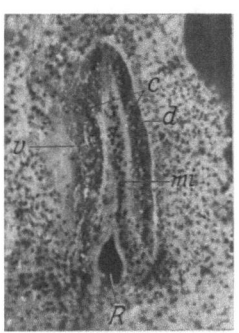

Abb. 9. Totalpräparat des Conjunctivagebietes eines Tieres nach beendigter Metamorphose. (Dunkelfeldaufnahme. Augenexstirpation.) *c* Conjunctiva; *d* dorsale, *m* mittlere, *v* ventrale Falte; *R* Riß in der mittleren Falte.

Eine Abbildung der Falten im Bereich der Conjunctiva — nach einem ungefärbten Totalpräparat von einem metamorphosierten Fröschchen — zeigt Abb. 9. Bei der Präparation riß die mittlere Falte an ihrem Ende ein; daher kommt die wie ein Teil der Conjunctiva aussehende Stelle in der Abbildung. Die Melanophoren, die sich auf der Conjunctiva finden, sind nicht reich verästelt wie bei der Larve (vgl. auch Abb. 5), sondern geballt. Ihre geringe Zahl im Vergleich zur umgebenden Haut fällt sofort auf. Bei Betrachtung der ventralen Conjunctivapartie mit stärkeren Vergrößerungen erkennt man auf ihr Gewebsmassen, die der vierten Falte der Abb. 8 entsprechen dürften. In ihnen sieht man auch hier einige Melanophoren.

Die Querschnittserien durch die Tiere vom Beginn der Metamorphose ab weisen keinen Opticus auf der operierten Seite mehr auf.

Das Foramen opticum derselben Seite ist stark verengt und durch eine Lamelle verschlossen.

Die Orbita ist mit Bindegewebe erfüllt.

2. Besprechung der Befunde.

Aus Vorstehendem geht folgendes hervor: Wird das Auge exstirpiert, so beobachtet man später auf der bei der Operation völlig klaren Conjunctiva Melanophoren. Das bedeutet einmal, daß das Auge für die Freihaltung der Conjunctiva von Melanophoren ein notwendiger Faktor ist. Zweitens geht daraus hervor, daß nach der Augenexstirpation Melanophoren in die Conjunctiva einwandern. Zu erörtern bleibt noch die Frage, wann die Einwanderung der Melanophoren beginnt.

Wir haben gesehen, daß in den ersten Tagen nach der Operation keine Veränderung an der Conjunctiva auftritt, daß sie das gleiche Bild bietet, wie die normale der nichtoperierten Seite. Nach 7 Tagen werden bei den ersten Tieren im dorsalen Rande der Conjunctiva Melanophoren festgestellt. Es fragt sich nun, woher diese kommen. Es bestehen hierfür zwei Möglichkeiten. Einmal können sie aus der benachbarten Epidermis vorgewandert sein. Denkbar ist aber auch, daß es die Melanophoren sind, die von vornherein an dieser Stelle gelegen haben, und daß die Pigmentierung der Haut weiter zurückgegangen ist. Beide Vorgänge bieten für die Beobachtung dasselbe Bild. Ein Vorwandern der Melanophoren möchte ich aber nicht annehmen; denn dann wäre Voraussetzung, daß die Folgen der Augenexstirpation sich sofort für die Conjunctiva bemerkbar machten. Dem widersprechen aber die Erfahrungen, die man bei entwicklungsmechanischen Untersuchungen gewonnen hat. Diese lehren nämlich, daß eine einmal in Gang gesetzte Entwicklung bei Ausfall von Faktoren, die für ihre weitere Differenzierung notwendig sind, nicht sofort zum Stillstand kommt, sondern zunächst noch, wenn auch abgeschwächt, in der einmal eingeschlagenen Richtung weiter verläuft. (Biologische Trägheit. *Dürken*.) Auf den in Rede stehenden Fall angewendet bedeutet das, daß sich die Conjunctiva der operierten Seite zunächst noch weiter vergrößert. Daher würde es dann kommen, daß man in den ersten Tagen keinen Unterschied zwischen der normalen Conjunctiva und der der operierten Seite feststellen kann. Danach tritt dann eine Periode ein, in der die Weiterentwicklung der Conjunctiva allmählich aufhört. Dies macht sich dadurch bemerkbar, daß wohl noch die Pigmentierung der Haut etwas zurückgeht, daß aber die Melanophoren derselben nicht mehr verdrängt werden.

Im weiteren Verlauf der Entwicklung kommt dann auch die Entpigmentierung der Haut an den Rändern der Conjunctiva zum Stillstand. Der Ausfall der vom Auge ausgehenden Reize macht sich jetzt voll und ganz bemerkbar. Die Folge ist, daß einmal die Melanophoren beginnen, auf die bislang von ihnen gemiedene Conjunctiva einzuwandern, und zweitens wird die Entpigmentierung der Conjunctiva wieder rückgängig gemacht. Dieser letztere Prozeß hat bei der Metamorphose das Zentrum der Conjunctiva noch nicht erreicht, wie man an Präparaten von Tieren auf diesem Stadium feststellen kann. Auch nach der Metamorphose ist die dann noch vorhandene Conjunctiva unpigmentiert. Die in der Conjunctiva vorhandenen Melanophoren machen in der Metamorphose die gleichen Veränderungen durch wie die der übrigen Körperhaut.

Die zur Zeit der Metamorphose an den Rändern der Conjunctiva auftretende dorsale und ventrale Falte wird man als Lidfalten anzusprechen haben. Welche Bedeutung der zwischen ihnen sich erhebenden mittleren Falte zukommt, ist nicht ganz klar. Möglich ist, daß sie der Nickhaut entspricht. Das Vorhandensein von Pigment und Drüsen, überhaupt ihr der gewöhnlichen Körperhaut gleichender histologischer Bau, würden dem wohl nicht widersprechen, da alle diese Elemente auch in der normalen Nickhaut vorhanden sind. Sie würden hier nur eine weitere Ausbildung erlangt haben, für die das Fehlen der vom Auge ausgehenden Reize verantwortlich zu machen wäre.

Denkbar ist aber auch, daß die mittlere Falte rein mechanisch bedingt ist dadurch, daß die dorsale und ventrale Falte das Conjunctivagebiet einengen und so Auffaltung zwischen ihnen hervorrufen. Durch diese Annahme wäre dann auch die Bildung der vierten Falte leichter verständlich, für die man sonst am normalen Auge kein Analogon haben würde. Auch die Tatsache, daß die Conjunctiva durch die mittlere Falte in eine fast gleichgroße obere und untere Partie geteilt wird, spricht dafür, daß sie rein mechanisch bedingt ist. Dabei ist es ja dann immerhin noch möglich, daß auch die Bildungsfaktoren der Nickhaut eine Rolle spielen. Sonst wäre auch der histologische Bau der mittleren Falte nicht ungezwungen zu erklären.

B. *Abtragung der Conjunctiva.*
1. Beschreibung der Befunde.

Zur Fortnahme der Conjunctiva wurden die in Abb. 17 bezeichneten vier Schnitte gemacht. Damit die Wunde nicht zu groß wurde, ließ ich zwischen Conjunctiva- und Wundrand nur einen schmalen Saum Körperhaut stehen. Das umschnittene Stück wurde in der Weise entfernt, daß ich mit der Lanzette eine Ecke vorsichtig aufhob, durch diesen Zipfel dann die Lanzette stach, und nun mit einem kurzen Ruck das ganze Stück abriß. So ging die Abtragung glatter und schonender für das darunter liegende Gewebe vor sich, als bei langsamer, vorsichtiger Abpräparation mit Pinzette und Lanzette.

Die Tiere hatten bei der Operation 5—6 mm Mund-Afterlänge. Die Sterblichkeit war trotz der großen Wunde nicht erheblich. Die meisten Tiere überstanden die Operation gut.

Von großem Einfluß auf die Erhaltung der Tiere ist die Wärme des Aquarienwassers. In warmem Wasser heilt die Wunde schnell. Dadurch wird die Infektionsgefahr verringert. So hatte ein Tier, das in 17—20° warmem Wasser aufgezogen wurde, die Folgen der Operation schon nach 5 Tagen vollständig überwunden — am lebenden Tier war die operierte Seite von der nicht operierten nicht zu unterscheiden —, vier andere Tiere dagegen, die zur gleichen Zeit mit operiert waren, und die in etwa 10° warmem Wasser gehalten wurden, gingen nach 2 Tagen ein. Die ganze Wunde war mit Pilzen stark überwuchert.

Auch noch in anderer Hinsicht ist der wachstumfördernde Einfluß der Wärme wichtig für den Ausgang des Versuchs. Wächst nämlich die Wunde schnell zu, dann bleibt das Auge erhalten, und es bildet sich über ihm eine neue, normale Conjunctiva. Geht der Verschluß der Wunde aber langsam vor sich, dann verschwindet das Auge meistens. Auch nachdem sich die durch Abtragung der Conjunctiva gesetzte Wunde schon ganz wieder geschlossen hat, schreitet doch die Einschmelzung des Auges weiter fort, bis das ganze Auge verschwunden ist.

a) Beobachtung am lebenden Material bei
I. Erhaltung des Auges.

Am lebenden Tier erscheint am Tage nach der Operation die Wunde wieder von Haut, die wie normale Epidermis aussieht, bedeckt. Die Wundränder sind eingezogen, und man erkennt noch deutlich das quadratische Operationsfeld. Nach 4—6 Tagen zieht sich dann die Haut über dem Auge ebenso glatt hin, wie auf der nicht operierten Seite. Dies Bild verändert sich bis zum 12.—13. Tage nicht. Von da ab beginnen das Pigment und die Melanophoren zu schwinden. Zuerst verliert sich das Pigment, welches in kleinen Körnchen den Zellen der äußeren Schicht angelagert ist. Makroskopisch, d. h. bei Beobachtung des lebenden Tieres unter dem Binokular, erkennt man das daran, daß die neue Conjunctiva ebenso klar wird, wie die nicht operierte der anderen Seite. Dieser Prozeß beginnt im Zentrum der neuen Conjunctiva über dem Auge und schreitet von da aus nach den Rändern fort.

Die Melanophoren werden kleiner und ziehen ihre Fortsätze ein. Man sieht dann auf der Conjunctiva am lebenden Tier nur noch kleine schwarze Punkte und Striche, deren Zahl von Tag zu Tag abnimmt. Doch erhalten sich manche Melanophoren mit großer Zähigkeit bis zum Ende der Metamorphose. Leider gingen mir die zwei Tiere, an denen ich diese Beobachtung machte, ein. So kann ich nicht sagen, ob nicht einige Melanophoren sich in der regenerierten Conjunctiva dauernd erhalten können.

Sieht man beim lebenden Tier direkt auf das Auge, so scheint die regenerierte Conjunctiva etwa seit dem 15. Tage völlig normal zu sein; denn die zurückgebliebenen Melanophoren kann man dann nicht sehen, während im übrigen die Conjunctiva genau so glasklar ist wie die des normalen Auges. Will man die Melanophoren sehen, so muß man tangential am Auge vorbeisehen.

Die regenerierte Conjunctiva ist größer als die normale, und zwar ist ihr dorsaler Rand nach der Medianen zu verschoben.

In der Metamorphose bilden sich am Auge die Lidfalten zu gleicher Zeit mit denen der nicht operierten Seite. Danach sieht dann das ganze Auge, abgesehen von der ebenerwähnten größeren Conjunctiva und einigen Melanophoren, die sich bei manchen Tieren auf ihr noch finden können, normal aus.

II. Einschmelzung des Auges.

Ich komme jetzt zur Beschreibung derjenigen Fälle, in denen das Auge eingeht. Den Wundverschluß beobachtet man am lebenden Tier in derselben Weise, wie er vorhin bei Erhaltung des Auges beschrieben wurde.

Es kann der Zerfall des Auges sehr rasch vonstatten gehen. Dann sieht man schon am Tage nach der Operation statt des Auges einen schwarzen Pigmentklumpen von unregelmäßiger Gestalt. Dieser zerfällt in den folgenden Tagen mehr und mehr. Am 9. Tage ist vom Auge nur noch ein kleiner Rest vorhanden, der ganz in der Tiefe der Orbita dem Ende des Opticus als kleines Knöpfchen aufsitzt. Die regenerierte Haut, die sich über die Orbita hinzieht, ist in einem kleinen Bezirk so durchsichtig, daß man den Rest des Auges gut beobachten kann.

In anderen Fällen geht das Einschmelzen des Auges langsamer vor sich. Man sieht am nächsten Tage wohl, daß das Auge weniger farbige Chromatophoren hat, auch ist seine Gestalt nicht immer ganz kugelig, aber das kommt bei allen Tieren als Folge der Operation vor. Erst am 3. Tage hat sich das Auge so stark verändert, daß man es von dem normal gebliebenen unterscheiden kann. Es ist dann kleiner als das Auge an der nichtoperierten Seite, meist nicht ganz kugelig, und vielfach ohne Linse. Die Zahl der farbigen Chromatophoren auf dem Auge hat sich nicht mehr weiter verringert, sie liegen noch an derselben Stelle. In der folgenden Zeit bemerkt man nur ein stetiges Kleinerwerden des Auges.

Äußerlich kann man im weiteren Verlauf der Entwicklung kein Anzeichen von Zerfall des Augenrestes wahrnehmen. Dieser behält seine kugelige Form bei. Das einzige, was man beobachtet, ist das Kleinerwerden.

Bis in die Metamorphose hinein sieht man am Grunde der Orbita vielfach noch den Augenrest, eine winzig kleine Kugel, auf der noch farbige Chromatophoren liegen. Zuletzt bemerkt man nur mehr ein kurzes, schwarzes Stäbchen, den Rest des Opticus, in der Tiefe der Orbita. Gegen Ende der Metamorphose ist dann bei allen Tieren keine Spur vom Augenrest mehr zu sehen.

Die regenerierende und regenerierte Haut zeigt in den Fällen, wo das Auge eingeht, dasselbe Verhalten, wie es oben für die Fälle mit Erhaltung des Auges beschrieben wurde. Ein Unterschied besteht nur in der Größe des aufgehellten Bezirks, den ich auch hier Conjunctiva nennen will. Die Ausdehnung derselben richtet sich nach der Größe des noch vorhandenen Augenrestes, ist etwas größer als dieser. Je mehr das Auge aber einschmilzt, desto kleiner wird die Conjunctiva. Wenn in der Orbita nichts mehr vom Auge zu sehen ist, so ist die über ihr befindliche Haut immer noch so durchsichtig, daß man das die Orbita ausfüllende Gewebe erkennen kann. Es fehlen im Gebiet der Conjunctiva dann alle Chromatophoren mit Ausnahme der Melanophoren.

Zu der Zeit, wenn sich auf der nichtoperierten Seite Lidfalten bilden, schiebt sich auf der anderen Seite je eine dorsale und ventrale Falte über die Conjunctiva. Zwischen ihnen sieht man nach vollendeter Metamorphose die gegen früher jetzt durchsichtiger erscheinende Conjunctiva.

b) Der Befund am fixierten Material.

Auf Querschnitten von einem Tier, welches etwa 6—8 Stunden nach der Operation fixiert wurde (vgl. Abb. 10), findet sich an Stelle der fortgenommenen Conjunctiva eine lockere Zelllage aus rundlichen Zellen, teils nur einschichtig, teils auch mehrschichtig; eine Anordnung zu epithelialem Verbande kann man nicht feststellen. Zwischen ihnen finden sich Melanophoren und pigmentierte Zellen. Die Linse hat sich stark verändert. An Stelle ihrer Fasern ist eine vacuolisierte Masse vorhanden. Ihr Epithel ist an der nach der Körperoberfläche zu gelegenen Seite verschwunden. Innerhalb des Auges ist es zwar noch vorhanden, aber einzelne Zellen sind aus ihrem Verbande in das Innere der Linse hinein ausgetreten. Die Kerne

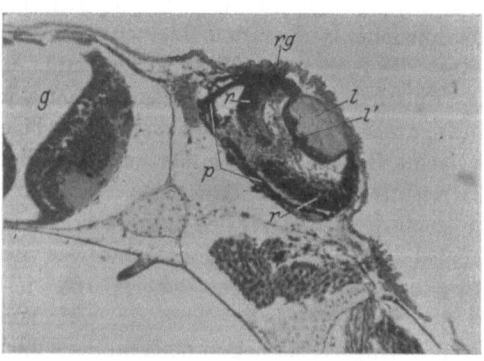

Abb. 10. Querschnitt durch ein Tier, das 6—8 Stunden nach der Abtragung der Conjunctiva fixiert war. *g* Gehirn; *l* Linse; *l'* Linsenepithel; *p* Pigmentblatt der Retina; *r* innere Retinaschichten; *rg* regenerierende Haut.

an Stelle der Conjunctiva bei Larven von Rana fusca (Rösel). 401

ihrer Zellen sind nicht tingiert (Triazidfärbung); z. T. sind die Zellen gequollen. Die Schichtung der Retina ist fast ganz zerstört; an kleinen Stellen kann man noch eine Andeutung davon finden. Nach dem Innern des Auges zu ist die Retina stark aufgelockert, viele ihrer Zellen liegen hier frei im Auge. In der Mitte, der Linse gegenüber, ist die Retina in ihrer ganzen Dicke zerstört. Hier liegt ein regelloser Zellhaufen, der teilweise aus Retinazellen zu bestehen scheint. An dieser Stelle hat auch das im übrigen noch vollständige Pigmentblatt der Retina eine Lücke.

Wie weit die Auflösung des Auges schon nach einem Tag gediehen sein kann, zeigt Abb. 11. Der Schnitt zeigt die größte Ausdehnung, die der Augenrest in dieser Querschnittserie hat. Was von

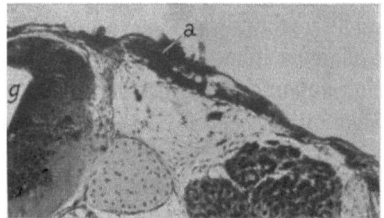

Abb. 11. Querschnitt durch ein Tier, das einen Tag nach der Augenexstirpation fixiert wurde.
a Augenrest; *g* Gehirn.

den an Stelle der abgetragenen Conjunctiva getretenen Zellen zum Auge gehört, und was nicht, kann man teilweise nicht mit Sicherheit feststellen, so sehr liegen hier Zellen aller Art durcheinander. Das zu größeren oder kleineren Klumpen geballte Pigment, das vom Pigmentblatt der Retina herstammen dürfte, fällt ja sofort auf, dazwischen liegen aber Zellen, von denen man nicht weiß, soll man sie als Retinazellen ansprechen, oder als von den Wundrändern her vorgewanderte Epidermiszellen. An diesem und anderen Schnitten derselben Serie sieht man auch, daß die an Stelle der entfernten Conjunctiva getretene Zellage dicker ist als bei dem vorher beschriebenen Tier, auch vielfach zapfenartige Erhebungen nach außen gebildet hat.

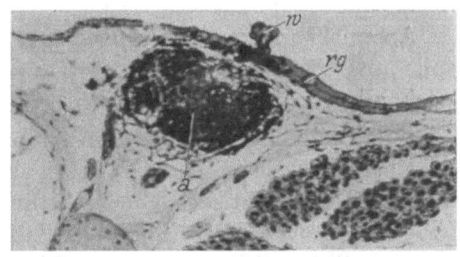

Abb. 12. Querschnitt durch ein Tier, das 3 Tage nach der Augenexstirpation fixiert wurde.
a Augenrest; *rg* regenerierende Haut; *w* Wucherung der regenerierenden Haut.

Von einem Tier, das 4 Tage nach der Operation fixiert worden war, stellte ich von der regenerierten Haut ein Totalpräparat her. Der Zustand des Auges war bei diesem Tier etwa der gleiche wie bei dem vorher beschriebenen, soweit man das eben nach dem äußeren Befund feststellen kann. Beim Abpräparieren der Haut blieb der Augenrest an der Haut fest haften. Die den Pigmentklumpen umgebende Haut unterscheidet sich bei diesem ungefärbten Totalpräparat nicht von gewöhnlicher Körperhaut.

Abb. 12 zeigt einen Querschnitt durch ein Tier, das am dritten Tage nach der Operation fixiert war. Die an Stelle der abgetragenen Conjunctiva regenerierte Haut zeigt teilweise Anordnung ihrer Zellen zu einem zweischichtigen Epithel; die Zellen sind aber noch rundlich. In dieser Haut findet man Melanophoren. Auch ist auf dem Bild noch eine nach außen hervorragende Wucherung zu sehen. Der Zerfall des Auges ist weniger stark als bei dem vorher beschriebenen Tier; der von ihm noch vorhandene Rest bildet einen nicht ganz kugeligen Körper, der außen fast überall von Pigment umgeben ist. Aber auch im Innern finden sich neben den Retinazellen, die die Hauptmasse der Kugel ausmachen, Pigmentmassen. Von einer Linse oder deren Rest ist nichts zu erkennen.

Auf Querschnitten durch das operierte Auge eines Tieres mit rasch zerfallendem Auge zieht sich am 6. Tage nach der Operation die regenerierte Haut wieder glatt über die Augenhöhle hin; über dieser ist sie dünner als am Rücken oder an der Seite. Melanophoren sind in der regenerierten Haut vorhanden. Der Augenrest besteht fast nur noch aus der Pigmentschicht der Retina. Von ihr eingeschlossen ist noch eine durch die angewandte Triazidfärbung rot gefärbte Zellmasse, die ich für einen Rest der Retinazellen halte. In der Augenhöhle trifft man lockeres Bindegewebe und einzelne Pigmentklümpchen. Auch einzelne oder in kleinen Häufchen beisammenliegende Zellen sind zu sehen. Außerdem noch Fasermassen, die ich für Reste des Opticus halte, von dem man im übrigen nichts mehr feststellen kann, auch nicht an seiner Vereinigungsstelle mit dem Gehirn.

An einem anderen Tiere mit langsam zerfallendem Auge, das gleichfalls am 6. Tage nach der Operation fixiert war, kann man am Auge noch alle normalen Teile desselben erkennen. Die Linse bietet ein Bild, das ich mit einem frühen embryonalen Entwicklungsstadium derselben vergleichen möchte. Nach der Körperoberfläche zu hat sie ein hohes einschichtiges Zylinderepithel, welches auf ihrer nach dem Innern des Auges zu gelegenen Seite allmählich in eine mehrschichtige Lage rundlicher Zellen übergeht. Dieses Epithel umschließt ein Bläschen, in dem an der nach dem Körper zu gelegenen Seite etwas gestreckte Zellen liegen, während die nach der anderen Seite zu liegende Hälfte des Bläschens vacuolisiert zu sein scheint. Über die Linse zieht sich die Cornealamelle hin. Sie ist dicker als normal und hat Pigmentklümpchen eingelagert. Eine Schichtung des inneren Retinablattes ist nicht mehr zu erkennen, seine Zellen sehen normal aus, dort, wo sie der Iris anliegen, spindelförmig, in den übrigen Partien rundlich. Der Durchmesser des Auges verhält sich zu dem des normalen wie etwa 10 : 17. Der Opticus verläuft normal.

Abb. 13 zeigt das quergeschnittene Auge der operierten Seite eines Tieres, das am 13. Tage nach der Operation fixiert wurde. Im großen und ganzen sieht es fast wie ein normales Auge aus. Die Linse scheint ganz normal gebaut zu sein. Es ist aber zu bemerken, daß sie sich glatt hat schneiden lassen, während die normale Linse der anderen Seite vielfach die gewöhnlich beim Schneiden auftretenden Zersplitterungen

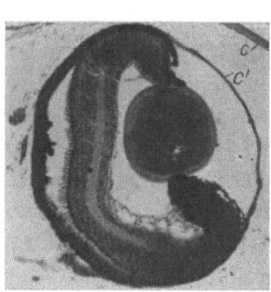

Abb. 13.

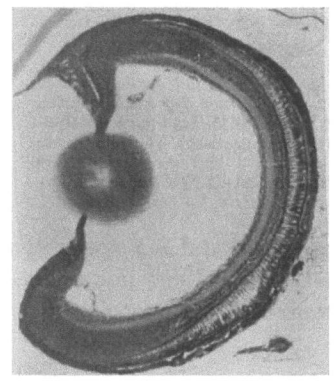

Abb. 14.

Abb. 13, 14. Querschnitte durch ein Tier, das 13 Tage nach der Augenexstirpation fixiert wurde.
c Conjunctiva; *c'* Cornealamelle.

zeigt. An der Cornealamelle fallen einzelne Pigmentbrocken auf. Die Schichtung der Retina gleicht mehr den Bildern, die man von dieser bei jüngeren Kaulquappen bekommt. (Zum Vergleich zeigt Abb. 14 die Schichtung der normalen Retina der anderen Seite.) Am Pigmentblatt der Retina, der Linse gegenüber, bemerkt man eine Verdickung und auch einige Pigmentklümpchen. Ich halte dafür, daß dies mit dem Austritt des Opticus zusammenhängt, der 80 μ weiter caudalwärts erfolgt; er hat normalen Verlauf. Der Durchmesser dieses Auges verhält sich zu dem des normalen der anderen Seite wie 5 : 7.

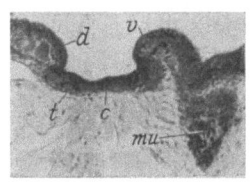

Abb. 15. Querschnitt durch ein Tier, das gegen Ende der Metamorphose fixiert wurde. Augenexstirpation.
c Conjunctiva; *d* dorsale, *v* ventrale Falte; *mu* Musculus levator bulbi; *t* Tela subcutanea.

Abb. 15 zeigt einen Querschnitt durch die zur Zeit der Metamorphose im Bereich der Conjunctiva auftretende dorsale und ventrale Falte. Die Conjunctiva ist mehrschichtig, hat Melanophoren, und schlägt dorsal deutlich in die Oberhaut der Rückenhaut um. Ventral ist dieser Umschlag nicht so deutlich zu erkennen. Dorsal schiebt sich die Tela subcutanea der Rückenhaut eine Strecke weit unter die Conjunctiva hin. Hinter der ventralen Falte setzt der Musculus levator bulbi an, der bindegewebig entartet ist. Drüsen sind in der Conjunctiva nicht zu finden, ebensowenig das Stratum compactum der normalen Haut.

Am ungefärbten Totalpräparat der Conjunctiva eines Tieres, das in der Metamorphose fixiert wurde — die erste Andeutung der beginnenden Faltenbildung im Bereich der Conjunctiva macht sich bemerkbar — und bei dem kein Augenrest mehr vorhanden war, sieht man auf der ganzen Conjunctiva Melanophoren und pigmentierte Zellen. Sie ist aber frei von Guanophoren[1]).

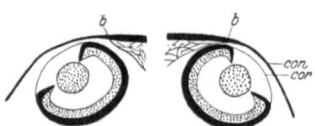

Abb. 16. Normales und operiertes Auge einer Larve, bei der das Auge erhalten blieb; fixiert am 15. Tage nach der Operation (halbschematisch). *b* dorsale Grenze der Conjunctiva und Ansatzstelle des Bindegewebes an die Epidermis. *con* Conjunctiva, *cor* Cornealamelle.

Abb. 16 zeigt zwei Querschnitte durch eine Larve mit einer vergrößerten Conjunctiva. Man sieht, daß das Bindegewebe auf der operierten Seite weiter dorsal an die Epidermis ansetzt als auf der normalen. Diese Ansatzstelle des Bindegewebes bezeichnet auch zugleich die Grenze der Conjunctiva.

2. Besprechung der Befunde.

a) Regeneration der Haut und die weitere Entwicklung der regenerierten Haut.

Auf die durch Abtragung der Conjunctiva freigewordene Fläche wandern alsbald nach der Operation von den Wundrändern her Epidermiszellen und Melanophoren der Epidermis. Einige Stunden nach der Operation ist schon die ganze Wundfläche von diesen Zellen bedeckt. In den folgenden Tagen bemerkt man an ihnen Wucherungen, die erst vom 4.—5. Tage ab wieder verschwinden. Vom 3. Tage ab beginnen die Zellen sich wieder zweischichtig epithelial anzuordnen, wobei sie

---

[1]) In der Bezeichnung der Chromatophoren folge ich hier *Schmidt* (23). Dieser erweist, daß die Xantholeukophoren früherer Autoren nicht aus einer Zelle, sondern aus zweien bestehen, die er Guanophoren und Lipophoren nennt. Beide können zu einem Xantholeukosom eng vereinigt sein. Da die Lipophoren sich in Alkohol lösen, so habe ich auf sie bei der Schnittuntersuchung keine Rücksicht genommen, sondern nur auf die Melanophoren und teilweise auch auf die Guanophoren. Letztere sind nicht in den gewöhnlichen Fixierungs- und Einbettungsmedien löslich. Bei ihrer Feststellung erweist es sich oft als wertvoll, wenn man nach dem Vorgang von *Schmidt* (24) im Dunkelfeld untersucht. Sowohl auf Schnitten als auch auf Totalpräparaten der Haut treten dann die Guanophoren sehr schön und deutlich hervor. Auch sonst bietet die Untersuchung im Dunkelfeld manche wertvolle Ergänzung zur gewöhnlichen im durchfallenden Licht.

In dieser Arbeit habe ich hauptsächlich nur die Melanophoren berücksichtigt. Wegen der eben erwähnten Löslichkeit der Lipophoren in Alkohol fallen diese bei Untersuchung des fixierten Materials ganz aus. An diesem wird nur das Vorhandensein oder Fehlen der Guanophoren gelegentlich erwähnt. Bei Beschreibung der lebenden Tiere fasse ich die Lipophoren und Guanophoren unter dem Sammelnamen farbige Chromatophoren zusammen, und erwähne diese nicht immer.

anfangs noch ihre runde Gestalt beibehalten. Vom 6. Tage ab zieht sich dann die regenerierte Haut wieder glatt über das Auge hin. Ihr histologischer Bau gleicht von da ab der normalen Conjunctiva der anderen Seite, abgesehen von Melanophoren und pigmentierten Zellen, die man an ihr findet.

Die weitere Entwicklung der regenerierten Conjunctiva ist verschieden, je nachdem, ob das Auge erhalten bleibt oder nicht. Im ersten Fall wird die regenerierte Haut zu einer normalen Conjunctiva. Sie wird aber größer als die der nicht operierten Seite; ihr dorsaler Rand ist nach der Medianen zu verschoben.

Den Vorgang der Entpigmentierung der Conjunctiva werde ich erst im folgenden Abschnitt bei den Transplantationen mit besprechen.

Bei Einschmelzung des Auges verhält sich die regenerierte Conjunctiva anders, als eben dargestellt wurde. Es unterbleibt ihre vollständige Befreiung von Melanophoren. Entpigmentierung ihrer Zellen findet nicht in dem Umfang statt wie bei Erhaltung des Auges. Die Größe der von pigmentierten Zellen freien Fläche richtet sich nach der Größe des noch vorhandenen Augenrestes, ist stets etwas größer als dieser. Erst wenn das Auge ganz verschwunden ist, tritt die völlige Pigmentierung der Conjunctiva ein.

Daß es sich bei diesem Pigmentierungsprozeß und dem Auftreten von Melanophoren um denselben Vorgang handelt, wie bei der im ersten Abschnitt beschriebenen Pigmentierung der Conjunctiva nach Augenexstirpation, dürfte wohl keinem Zweifel unterliegen.

Ebenso wie bei der Augenexstirpation wird man auch hier die bei der Metamorphose im Bereich der Conjunctiva auftretenden Falten als Lidfalten anzusprechen haben. Ein Unterschied besteht aber in der geringeren Ausbildung der letzteren in der eben besprochenen Versuchsserie und in dem histologischen Bau der Conjunctiva. Diese ist hier mehrschichtig, und im dorsalen Teile findet man unter ihr eine Tela subcutanea.

Ich glaube nicht zu irren, wenn ich die in Abb. 15 hinter der ventralen Lidfalte sich bemerkbar machende Einsenkung der Haut auf die Insertion des Musculus levator bulbi zurückführe.

b) Einschmelzung des Auges.

Die oben angeführten Befunde zeigen, daß die Einschmelzung des Auges auf zweierlei Weise vor sich gehen kann: Einmal beobachtet man, wie das Auge als Ganzes zunächst erhalten bleibt, und daß es dann im weiteren Verlauf immer kleiner wird. Die einzelnen Etappen dieses Prozesses lassen sich gut mit immer früheren Entwicklungszuständen des Auges vergleichen, so daß man versucht ist, von »rückläufiger Entwicklung« oder »Umkehr der Entwicklung« zu sprechen. Dieser

Ausdruck soll aber nur die äußere Ähnlichkeit einzelner Stadien des Auflösungsprozesses des Auges mit früheren Entwicklungszuständen desselben bezeichnen; nicht aber will ich damit sagen, daß ich diese Stadien auch wirklich identisch halte.

Bei der zweiten Art der Einschmelzung des Auges tritt alsbald nach der Operation ein regelloser Zerfall desselben ein, wobei wohl die Hauptmasse des Auges durch die durch Abtragung der Conjunctiva gesetzte Wunde ausgestoßen wird. Daß sich einzelne seiner Zellen am Aufbau der regenerierenden Haut mit beteiligen, glaube ich nicht. Der noch im Auge verbleibende Rest wird resorbiert.

Die zuerst beschriebene Art der Einschmelzung des Auges bezeichne ich als Atrophie, die andere als Degeneration.

C. Transplantation von Rückenhaut an Stelle der Conjunctiva.
1. Beschreibung der Befunde.

Für die Transplantationen wurden Tiere aus drei verschiedenen Laichballen genommen. Bei der Operation hatten die Tiere eine Mund-Afterlänge von $4^1/_2$—$6^1/_2$ mm. Da die Resultate bei allen Tieren gleich waren, so werde ich in der Beschreibung die drei Serien nicht getrennt anführen, wie ich das bei der Kontrolle im Tagebuch gemacht habe.

Alle Transplantationen sind homoioplastisch ausgeführt. Transplantatträger und -geber waren stets Geschwister aus demselben Laichballen und standen auf gleicher Entwicklungsstufe.

Die Fortnahme der Conjunctiva geschah in derselben Weise, wie sie im vorhergehenden Abschnitt B beschrieben wurde. Die Entnahme des Transplantats wurde bei kleinen Tieren wie folgt ausgeführt (vgl. hierzu Abb. 17):

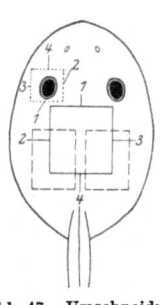

Abb. 17. Umschneidung der Conjunctiva (punktiert) und des Transplantats; hier zeigt die ausgezogene Linie die Art der Operation an jungen Tieren, die zwei gestrichelten Vierecke bei älteren. Die Zahlen bezeichnen die Reihenfolge der Schnitte.

Caudalwärts von den Augen, aber ohne die Conjunctiva anzuschneiden, wurde der erste Schnitt gemacht. Rechtwinklig zu diesem rechts und links des Rückenstreifens die beiden nächsten. Über der Ansatzstelle des Schwanzes wurde dann das Transplantat abgeschnitten. Größeren Tieren entnahm ich das Transplantat nicht über den ganzen Rücken fort, sondern schnitt ein Stück aus der rechten oder linken Seite der Rückenhaut aus, entnahm auch wohl einem Tier die Hautstücke für zwei Transplantatträger. Auf die Orientierung der Hautstücke wurde nicht geachtet, das soll heißen: caudale und craniale Seite, rechts und links des Transplantats können an seinem neuen Ort gegenüber seiner Herkunft vertauscht sein. Dagegen sah ich stets darauf, daß nicht Ober- und Unterseite des Transplantats verwechselt wurden.

Das transplantierte Hautstück besteht aus folgenden Schichten (vgl. Abb. 18): Die Epidermis hat zwei Lagen Plattenepithel, von denen die untere etwas höhere Zellen hat als die obere (Deckschicht der Autoren). In beiden Lagen kommen Melanophoren vor, die ihre Ausläufer zwischen die anderen Zellen erstrecken. Diese Epidermismelanophoren haben im Expansionszustand reich verzweigte Fortsätze, die bei Ballung der Melanophoren zum großen Teil eingezogen werden. — Ballung und Ausbreitung der Melanophoren erfolgt in regelmäßigem Wechsel: tags ausgebreitet, nachts geballt. Die maximalen Grenzen beider Zustände werden aber nur unter besonderen Versuchsbedingungen erreicht. Alle Melanophoren des ganzen Tieres befinden sich stets im gleichen Ausbreitungszustand (*Fischel*, 13). — Die oberen Zellen der Epidermis sind pigmentiert. Das Pigment ist in Form feiner Kügelchen in ihnen verteilt. Auf die Epidermis folgt eine Lage sehr lockeren Bindegewebes. Daran schließt sich die Cutismelanophorenschicht an. Diese Melanophoren sind plumper als die der Epidermis; im Expansionszustand bilden sie ein dichtes Syncytium durch Vereinigung ihrer reich verästelten Ausläufer. Im Ballungszustand sind die Ausläufer etwas eingezogen und geringer pigmentiert. Die Hauptmasse ihres Pigments ist dann im Zentrum der Zelle zusammengezogen. Dadurch erscheinen die tagsüber mehr schwarzen Kaulquappen nachts hellbraun mit schwarzen Flecken.

Abb. 18. Schnitt durch die transplantierte Haut. Schematisiert. *e* Epidermis, *b* Bindegewebslage, *c* Cutismelanophorenschicht, *m* Melanophoren der Epidermis.

Bei den ersten Transplantationsversuchen kamen außer der Haut auch noch verschiedene andere Gewebsteile mit in das Transplantat. So z. B. mehrfach die Anlage des Vorderbeins, ferner Teile der Kiemen. Bei den späteren Operationen entnahm ich darum die Transplantate caudal vom Kiemendeckel. Dann bekommt man bei einiger Vorsicht nur die Haut ohne anderes Gewebe.

Es wurden nun nicht stets alle Hautschichten transplantiert, sondern unter Umständen nur Epidermis oder in der Hauptsache Epidermis mit wenigen Cutismelanophoren.

Bei Aufnahme mit dem Spatel krümmte sich das Transplantat zusammen. Sobald es aber auf die Wunde des anderen Tieres gelegt wurde, breitete es sich in der dort ausgeschiedenen Schleimmasse sofort glatt aus, und konnte dann leicht mit dem Spatel in die richtige Lage geschoben werden. Wenn dann das Tier nach 15—25 Minuten ins Zuchtbecken zurückgebracht wurde, lag das Transplantat glatt und genügend angeklebt über der Wunde.

Am Tage nach der Operation waren fast alle Tiere noch im Besitz ihres Transplantats, diejenigen, welche es verloren hatten, wurden ausgeschieden. Bei späteren Kontrollen wurde nie mehr ein Tier ohne Transplantat gefunden.

a) Befund am lebenden Tier.

Die Beschreibung des Befundes an lebenden Tieren will ich für folgende vier Gruppen getrennt geben (I, II, III, IV).

a) Das Transplantat zieht sich glatt über das Auge hin.

I. 1. Tiere, denen eine vollständige Hautschicht transplantiert war, bestehend aus unverletzter Epidermis-, Bindegewebs- und Cutismelanophorenschicht.

II. 2. Das Transplantat besteht fast nur aus Epidermis.

3. Tiere mit einem Transplantat, an dessen Epidermis auch noch Reste von Bindegewebe und Cutismelanophoren liegen.

III. b) Das Transplantat hat sich etwas gewölbt, es besteht aus denselben Teilen wie bei a) 2 und a) 3.

IV. c) Das Transplantat hat sich stark gewölbt, es besteht aus denselben Teilen wie bei a) 1, a) 2 und a) 3.

I. Glattes Transplantat aus allen drei unverletzten Hautschichten.

Am Tage nach der Operation lag das Transplantat unverrückt über dem Auge. Dieses war darunter nicht sichtbar, Änderungen bemerkt man am Transplantat in der nächsten Zeit nicht. Die Grenze zwischen Transplantat und seinem Träger ist etwa vom Ende der 3. Woche ab nicht mehr festzustellen. Wenn die Metamorphose beginnt, so macht das Transplantat dieselben Veränderungen durch wie die übrige Körperhaut, auch zu gleicher Zeit mit ihr. Nach der Metamorphose sieht dann das Transplantat im allgemeinen so aus wie die es umgebende Körperhaut. Bei einem Tiere hatte es dann einen etwas silbrigen Schein, wie ihn das Auge an den Stellen hat, wo es dicht mit farbigen Chromatophoren bedeckt ist. Abb. 19 zeigt ein undurchsichtig gebliebenes Transplantat nach der Metamorphose.

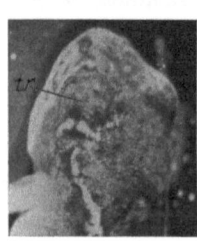

Abb. 19. Aufnahme eines jungen Fröschchens mit einem undurchsichtigen Transplantat.
tr Transplantat.

II. Glattes Transplantat aus Epidermis.

Am Tage nach der Operation war das Transplantat bei allen Tieren noch vorhanden. Das Auge war unter ihm gut erkennbar. Am 4. Tage machte sich bei einem Tier in der dorsal-cranialen Ecke (vgl. Abb. 20) eine Änderung im Transplantat bemerkbar. An dieser Stelle war es durchsichtiger als in den übrigen Teilen. Es fehlten hier die farbigen Chromatophoren. In den folgenden 14 Tagen traten gleiche Änderungen auch bei den übrigen Tieren auf. Es lag aber die aufgehellte Stelle bei den einzelnen Tieren verschieden, entweder an irgendeinem Rand in der Nähe des Auges, oder über diesem.

Zu Beginn der 3. Woche war das Transplantat von allen farbigen Chromatophoren in einem Bezirk, der etwas größer war als die Conjunctiva der anderen Seite, frei; darin lagen die Melanophoren als feine Pünktchen und Striche.

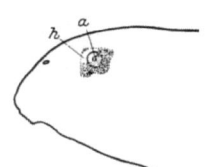

Abb. 20. Transplantat eines Tieres aus der Gruppe II am 4. Tage nach der Operation, nach Beobachtung am lebenden Tier gezeichnet. *a* Auge, *h* Stelle an der das Transplantat durchsichtig war.

Um das Auge herum lag ein nicht ganz vollständiger Kranz von Pigment (vgl. Abb. 21). Er schien mir aus Teilen der Cutismelanophoren und Bindegewebsresten zu bestehen — ein von Cutismelanophoren und Bindegewebe ganz freies Stück dürfte man wohl nicht ausschneiden können —. Der Rand des Transplantats war zu dieser Zeit noch ganz schwach erkennbar; vielfach konnte ich ihn bloß vermuten an einer etwas unregelmäßigen Lage der Melanophoren, die hier vielleicht auch etwas dichter lagen als in der übrigen Körperhaut. Am Ende der 3. Woche war von der Transplantation in bezug auf die Verwachsungsränder nichts mehr zu sehen.

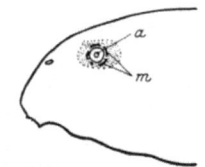

Abb. 21. Transplantat eines Tieres aus der Gruppe II zu Beginn der 3. Woche. *m* stärkere Anhäufung von Melanophoren, *a* Auge.

Im weiteren Verlauf der Versuche wurde dann die aufgehellte Stelle immer größer und klarer, so daß ich sie von da ab als Conjunctiva bezeichnete. Sie war größer als die Conjunctiva der anderen Seite, hatte aber noch ganz feine, punkt- oder strichförmige Melanophoren, während sie sonst, vom Ende der 4. Woche ab etwa, genau so glasklar war wie die normale Conjunctiva der anderen Seite. Zu Beginn der Metamorphose waren nur noch vereinzelte, punktförmige Melanophoren vorhanden, die dann bald verschwanden, und nach beendigter Metamorphose hatte das Tier auf der operierten Seite eine normale Conjunctiva und Lidfalten. Die Conjunctiva war aber vergrößert; ihr dorsaler Rand war nach der Medianen zu verschoben.

III. Glattes oder etwas gewölbtes Transplantat aus Epidermis mit Resten von Bindegewebe oder etwas gewölbtes Transplantat aus Epidermis.

Die Beschreibung der Gruppen a) 3 und b) kann ich deshalb zusammenfassen, weil der Ablauf des Versuchs und das Endresultat, die Bildung einer Conjunctiva, bei beiden gleich waren. Ein Unterschied bestand nur in dem früheren oder späteren Beginn der Aufhellung.

Die Einheilung des Transplantats geht in der gleichen Weise vor sich, wie unter I. und II. beschrieben wurde. In den ersten Wochen macht sich keine Änderung am Transplantat bemerkbar, das Auge ist unter ihm schwach und undeutlich zu sehen. In der 2.—4. Woche wird es dann besser erkennbar.

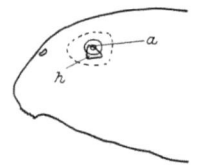

Abb. 22. Transplantat eines Tieres aus der Gruppe III am Ende der 2. Versuchswoche. Skizze nach dem lebenden Tier. *a* Auge, *h* etwas durchsichtigerer Bezirk als der übrige Teil des Transplantats.

Ein bestimmtes Tier, das bei der Kontrolle stets leicht zu erkennen war, soll als Beispiel für den Ablauf des Aufhellungsvorgangs dienen: Am Ende der 2. Woche war am unteren Rande (vgl. Abb. 22) eine Stelle, an der das Auge deutlicher zu erkennen war. Hier fehlen die farbigen Chromatophoren, und die Pigmentierung der Zellen war zurückgegangen. Das Transplantat, dessen Grenze noch zu erkennen war, war im übrigen noch so undurchsichtig wie bislang. In den folgenden Tagen vergrößerte sich dieser helle Bezirk etwas. Abb. 23 gibt eine Photographie wieder, die am 11. Tage nach der in Abb. 22 skizzierten Beobachtung aufgenommen wurde. Das Auge ist unter dem Transplantat besser zu

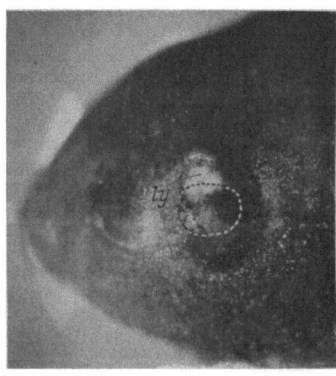

Abb. 23. Aufnahme eines Tieres zu Beginn der 4. Woche nach der Transplantation. *ly* Einbruch des Kalksacks in die Orbita.

sehen als in der Abbildung — bei der Aufnahme wurde auf die Oberfläche der Haut eingestellt —, der Kreis, der nach Beobachtung am lebenden Tier eingezeichnet wurde, gibt seine Größe und Lage an, die dunkle Stelle in diesem ist ein Teil des Auges. Man sieht in der Abbildung einen unregelmäßigen Pigmentring, der caudal knapp hinter dem Auge sich vorbeizieht, cranial noch etwas auf ihm liegt, und dorsal und ventral weiter von ihm abgerückt ist, aber nicht bis an die Grenze des Transplantats. Diese kann man an der Aufnahme nicht sehen, tritt aber, wenn auch nicht überall mit vollständiger Sicherheit zu erkennen, am lebenden Tier noch hervor. Es hatte dieses Tier ein etwas gewölbtes Transplantat. Da aber die Wölbung an allen Transplantaträndern noch nicht ganz zurückgegangen war, so konnte man daran die Verwachsungsstelle noch feststellen. Im Vergleich mit Abb. 22 fällt auf, daß der Mittelpunkt der dort bezeichneten aufgehellten Fläche nicht mit dem des Pigmentringes der

Abb. 23 übereinstimmt. An der ventralen und cranialen Seite liegen beide Linien fast an derselben Stelle — man muß berücksichtigen, daß Abb. 22 eine Freihandskizze nach dem lebenden Tier ist, und daß die Einzeichnung des Auges in Abb. 23 auch nicht absolut genau gemacht werden kann —, caudal und dorsal dagegen zeigt die Photographie eine starke Verlagerung. Es schien mir der Pigmentring aus Cutismelanophoren zu bestehen und aus anderen Gewebsresten, die ich nicht definieren konnte. 3 Tage später ist der Pigmentring verschwunden und das Transplantat über dem zentralen Teil des Auges so durchsichtig wie eine normale Conjunctiva. Nach abermals 3 Tagen — die Vorderbeine sind jetzt durchgebrochen — hat das Tier eine normale Conjunctiva, in der sich noch einige punkt- und strichförmige Melanophoren finden. Diese sind nach weiteren 13 Tagen auch verschwunden, so daß das Tier von da ab eine normale Conjunctiva hat, die am dorsalen Rande nach der Medianen zu vergrößert ist. Lidfalten hatten sich an beiden Augen zu gleicher Zeit gebildet.

Bei den anderen Tieren der Gruppe III verlief der Aufhellungsvorgang in derselben Weise. Nur kommen in folgender Hinsicht Abweichungen vor: 1. Der Ort, an dem die Aufhellung beginnt, liegt bei jedem Tier wo anders, aber immer am oder überm Auge. 2. Der Zeitpunkt der beginnenden Aufhellung variiert. 3. Die Pigmentringe liegen bei den einzelnen Tieren verschieden. Es waren auch nicht immer geschlossene Ringe[1]).

IV. Stark gewölbtes Transplantat.

Die Transplantate lagen in dieser Gruppe alle schon am ersten Tage stark gewölbt über dem Auge. Abb. 24 zeigt ein derartiges Transplantat. Die Einziehung des Transplantats — andere waren ähnlich — am dorsalen Rande

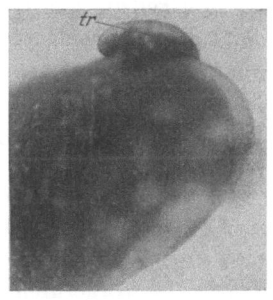

Abb. 24. Aufnahme eines Tieres am 2. Tage nach der Transplantation; stark gewölbtes Transplantat. *tr* Transplantat.

---

[1]) Eine Bemerkung möchte ich hier noch anfügen über den in Abb. 23 oberhalb des Auges sichtbaren weißen Fleck, an dem ich bei der Kontrolle das Tier stets wieder aus den anderen herausfand. Bei der Kontrolle, bei der die Abb. 22 gezeichnet wurde, trat der Fleck zum erstenmal in Erscheinung. Seine Lage und Gestalt hat sich später nicht mehr verändert. Ich halte ihn für einen Einbruch der Kalksäcke ins Auge, hervorgerufen vielleicht durch die Operation. Bei der Untersuchung der Querschnittserie dieses Tieres konnte ich keine Verbindung dieses Gebildes mit den Kalksäcken des Tieres mehr feststellen. Der Inhalt beider scheint mir der gleiche zu sein, wenn auch die Zellen in dem weißen Körper über dem Auge sehr dicht liegen, so daß nur geringe Flüssigkeitsmassen dazwischen Platz haben. Zum Teil besteht der Inhalt aus einer kompakten Zellmasse, die ich nicht definieren kann.

wird später wieder ausgeglichen, unter dem Transplantat ist das Auge nur bei den Tieren schwach und undeutlich zu erkennen, bei denen keine vollständige Cutismelanophorenschicht mit übertragen war. Vom Beginn der dritten Woche ab ist das Transplantat bei allen Tieren gleich undurchsichtig und hellt sich niemals auf. Im Beginn der Metamorphose gleichen diese Tiere denen der Gruppe I, und das Verhalten des Transplantats ist von da ab in beiden Gruppen das gleiche.

b) Befund am fixierten Material.
I. Totalpräparate.

An einem Transplantat, dessen Träger 4 Tage nach der Operation fixiert war, bemerkt man eine Stelle, die fast keine pigmentierten Zellen mehr aufweist und nur noch wenige Melanophoren hat, die alle an ihrer grazilen Gestalt als Epidermismelanophoren zu erkennen sind. Daran schließt sich eine Fläche, die in bezug auf die Melanophoren das gleiche Verhalten zeigt, aber pigmentierte Zellen hat. Ein Pigmentklumpen liegt auch hier, der eine geballte Cutismelanophore sein dürfte. Die beiden Flächen werden von einem Kranz von Melanophoren umschlossen, die an ihrer plumpen Gestalt als Cutismelanophoren zu erkennen sind. Zwischen ihnen liegen auch geballte Pigmentklumpen — diese halte ich für Cutismelanophoren — und eine Guanophore. Im übrigen gleicht die Haut der Körperhaut, und man kann die Grenze des Transplantats nicht feststellen.

Bei zwei anderen Totalpräparaten von Tieren, die 11 Tage nach der Operation fixiert wurden, sieht das Transplantat wie gewöhnliche Körperhaut aus. In einer Zone, die wohl der Grenze des Transplantats entsprechen dürfte, sieht man stärkere Anhäufung von Melanophoren, die zum Teil als verästelte oder geballte Cutismelanophoren anzusprechen sind. Das Transplantat des einen Tieres hat außerdem noch einen Ring von Cutismelanophoren, der etwa der Größe der Conjunctiva der anderen Seite entspricht (es ist bei den Totalpräparaten die ganze dorsale Kopfhaut abpräpariert, mit Einschluß der Conjunctiva der normalen Seite).

II. Befund an den Schnittserien.

An einem Präparat, das *nach 2 Stunden* fixiert wurde, bemerkt man eine Verdickung der Wundränder vom Transplantat und seinem Träger, hervorgerufen dadurch, daß die Epidermiszellen rundlich geworden sind. Hin und wieder sieht man auch eine rundliche Zelle, die nicht mehr in ihrem Zellverbande liegt. Wo eine Lücke zwischen den beiderseitigen Hauträndern ist, liegt dort eine bläulich gefärbte (Triazidfärbung) Masse, in der man Zellen oder Kerne nicht nachweisen kann. Es wird die vom Transplantatträger auf die Wunde abgesonderte Schleimmasse sein.

An einem anderen Präparat, das von einem Tier stammt, das etwa *8—10 Stunden* nach der Operation fixiert war, liegt der eine Rand des Transplantats mit dem unter ihm liegenden Wundrand seines Trägers zusammen; dabei ist der Rand des Transplantats nach unten und innen umgeschlagen. Beide Epidermisränder sind verdickt, haben rundliche Zellen. In besonders starkem Maße tritt diese Erscheinung im Umschlagsrand des Transplantats auf. Hier liegen die rundlichen Zellen mehrschichtig. Außerdem liegt dort ein Stückchen der Cutismelanophorenschicht.

Abb. 25 bildet den Querschnitt durch die operierte Seite eines Tieres ab, das *am Tage* nach der Operation fixiert wurde. Die Ränder des Trans-

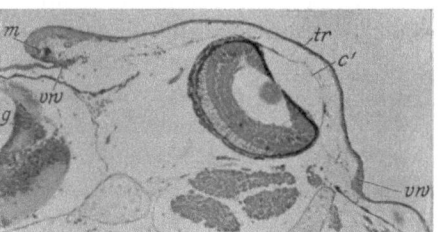

Abb. 25. Querschnitt von einem Tier, das einen Tag nach der Transplantation fixiert wurde.
c' Cornealamelle; g Gehirn; m Melanophoren; tr Transplantat; vw Verwachsungsstelle von Transplantat und seinem Träger.

plantats und die Wundränder seines Wirts haben sich aneinander gelegt. An der Seite, wo das Transplantat keinen Umschlagsrand zeigt, bemerkt man eine Zellverdickung, die die Verwachsungsstelle bezeichnet. Gegenüber auf der anderen Seite hat sich das Transplantat nach unten und innen umgeschlagen, und die Vereinigungsstelle der

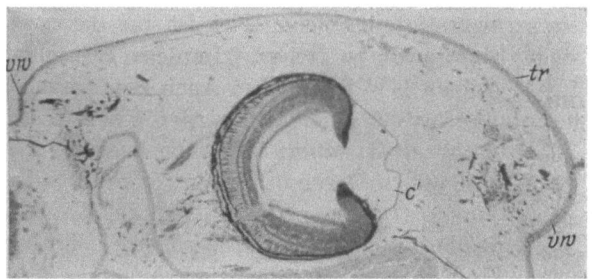

Abb. 26. Querschnitt von einem Tier, das einen Tag nach der Transplantation fixiert wurde.
c' Cornealamelle; tr Transplantat; vw Verwachsungsstelle von Transplantat und seinem Träger.

Hautränder hat sich zu einem länglichen First ausgezogen. Unter dem ganzen Transplantat sieht man lockeres Bindegewebe, etwas dichteres im Umschlagsrand. Hier sieht man auch einen Pigmentklumpen liegen. Die Epidermis des Transplantats sieht normal aus, nur im Umschlagsrand haben sich die Zellen ihrer unteren Schicht rundlich abgekugelt und sind mehrschichtig.

Auf Querschnitten durch ein Tier, das am *5. Tage* nach der Operation fixiert wurde, ist die verdickte Leiste des Verwachsungsrandes fast verschwunden. Das Transplantat ist gewölbt, aber die Ränder sind nicht nach innen umgeschlagen. Die Epidermis des Transplantats ist normal; darunter finden sich Bindegewebszellen. An den Rändern des Transplantats sieht man auch Pigmentklumpen und Cutismelanophoren. Auch Reste von Blutgefäßen mit Blutkörperchen sind vorhanden. Abb. 26 veranschaulicht diese Verhältnisse. Man erkennt auch hier sehr gut, daß die außer der Epidermis noch im Transplantat vorhandenen Gewebsteile fast ausschließlich an den vom Auge am weitesten entfernten Punkten des Transplantats liegen. Die gleiche Erscheinung beobachtet man auch noch auf anderen Präparaten, die ein ähnlich geformtes Transplantat besitzen.

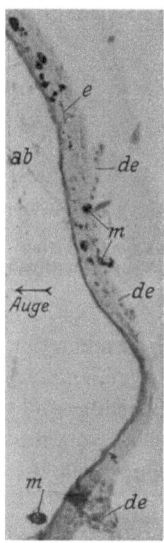

Abb. 27. Querschnitt von einem Tier, das vor Beginn der Metamorphose fixiert wurde. Transplantation. Abstoßung der Epidermiszellen. *ab* in Auflösung begriffenes Bindegewebe; *de* von der Epidermis abgestoßene Zellen; *e* Epidermis; *m* Melanophoren.

Auf Schnitten durch ein Tier, das am *5.—7. Tage* nach der Operation fixiert war, und das ein Transplantat aus allen drei Hautschichten besaß, kann man die Verwachsungsstelle der Epidermis des Transplantats und seines Trägers stellenweise nicht mehr nachweisen. Die Verbindung der Cutismelanophorenschicht ist hier noch nicht lückenlos hergestellt.

Aufschluß über den Aufhellungsprozeß der Conjunctiva gewinnt man an einem Präparat, das von einem Tiere stammt, das *vor Beginn der Metamorphose* fixiert wurde. Von dem Verwachsungsrand des Transplantats mit seinem Wirt ist bei diesem Tiere keine Spur mehr zu sehen. In dem Transplantat finden sich noch Melanophoren. Auch Bindegewebe und Reste der Cutismelanophoren werden gesehen. An der Epidermis des ganzen Tieres beobachtet man das Abstoßen der äußeren Zellage, ein Vorgang, der nach *Maurer* (zit. aus *Gaupp*, 15) an Kaulquappen vor Beginn der Metamorphose allgemein beobachtet wird. Es liegen frei vor der Körperhaut, in der die Anlage der Drüsen- und der anderen Hautschichten auftritt, einzelne oder auch Reihen von Zellen. Im letzteren Falle ist das eine Ende einer solchen Zellkette vielfach noch mit der äußeren Epidermisschicht verbunden. In den abgestoßenen Zellen findet sich Pigment eingelagert. An der Conjunctiva der nicht operierten Seite beobachtet man denselben Vorgang, nur daß hier die abgestoßenen Zellen natürlich kein Pigment enthalten. Das Austreten von Melanophoren wird in der Körperhaut nirgends gesehen.

Am Transplantat bemerkt man folgendes (vgl. Abb. 27): An vielen Stellen sieht man dicht vor der Conjunctiva Zellen liegen, die man ihrem Aussehen nach als Epidermiszellen ansprechen muß. Zwischen ihnen werden auch Melanophoren gefunden. So auch in dem abgebildeten Schnitt. Ein Teil dieser Zellen hat auch Pigmentgranula. In der Conjunctiva liegen noch zahlreiche Melanophoren, die zum größten Teil geballt sind. Auch nach dem Innern des Auges zu findet man Melanophoren, die entweder noch mit einem Teil ihrer Masse in der Epidermis stecken, oder ganz vor der Epidermis liegen. Das Bindegewebe dieses und der benachbarten Schnitte hat keine Kerne mehr, und seine Masse erscheint wie gequollen. Ähnliche Bilder, wie sie die Abbildung darstellt, findet man fast auf allen Querschnitten durch die Augengegend.

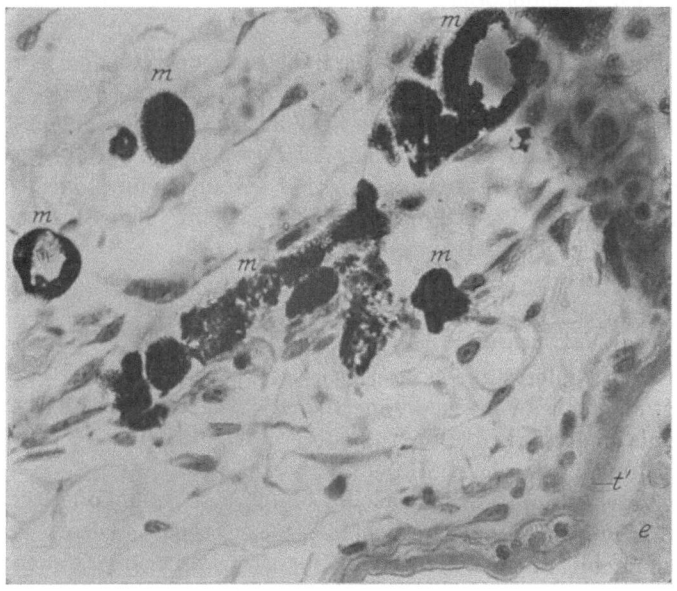

Abb. 28. Querschnitt von demselben Tier, wie in Abb. 27. Starke Vergrößerung. Auflösung der Melanophoren. *e* Epidermis; *m* Melanophoren; *t'* Anlage der Tela subcutanea.

In Abb. 28 (Bild aus einem anderen Schnitt der gleichen Serie) sieht man im Bindegewebe Melanophoren, die in verschiedenen Stadien der Auflösung begriffen sind, liegen. Zum Teil sind es noch kompakte Klumpen, die aber an den Rändern schon einen Zerfall zeigen können; zum Teil haben sich die Melanophoren in kleine Bröckchen aufgelöst, die im Präparat von einer schwach rötlich gefärbten Masse (Hämatoxylin-Eosinfärbung) umgeben sind. Bemerkenswert sind auch die Pigmentringe der Abbildung. Diese stellen Querschnitte durch Hohlkugeln dar, wie man beim Vergleich der vorhergehenden und nachfolgenden Schnitte feststellen kann. Von der Epidermis hat sich — wohl entstanden bei der Präparation — die Anlage der Tela subcutanea abgelöst. In der

Epidermis sind noch Teile und Reste von Melanophoren zu sehen; dicht der Anlage der Tela subcutanea angelagert, bemerkt man solche ebenfalls. Das Bindegewebe dieses und der benachbarten Schnitte scheint mir nicht mehr normal zu sein; es verhält sich färberisch anders, ist rötlicher gefärbt und teilweise ohne präzise Kernfärbung.

Die gleichen Bilder vom Austritt des Pigments nach innen, wie sie diese Serie liefert, beobachtet man auch an den Schnittserien durch die Tiere, bei denen die Conjunctiva entfernt wurde, nach Regeneration der Conjunctiva. Hier bemerkt man diese Erscheinung zuerst bei Tieren, die am 14. Tage nach der Operation fixiert wurden. Es liegen dann ganze Melanophoren, teilweise noch verästelt, unter der regenerierten Conjunctiva.

In den Schnittserien durch Tiere, die *nach der Metamorphose kein aufgehelltes Transplantat hatten*, sieht die über dem Auge liegende Haut genau so aus, wie die Körperhaut in dem gleichen Schnitt. Man findet alle Schichten der Haut normal ausgebildet: Die Oberhaut mit der Cuticula und Stratum corneum und germinativum; darunter das Corium mit seinen Pigmenten, der Drüsenschicht, dem Stratum compactum und der Tela subcutanea.

2. Besprechung der Befunde.

a) Verwachsung des Plantats mit seiner Unterlage.

Die erste Änderung, die man nach der Operation sowohl am Transplantat, als auch an seinem Träger bemerkt, ist eine Veränderung der Epidermis an den Schnitträndern. Hier werden die Zellen der Epidermis rundlich und beginnen aus ihrem Verbande auszutreten.

Die Verwachsung wird eingeleitet durch das Aneinanderlegen der Wundränder vom Transplantat und seinem Träger. Dieser Vorgang wird schon einige Stunden nach der Operation bemerkt. Greifen dabei die Ränder des Transplantats über die Wundränder seines Trägers über, so krümmt es sich nach unten und innen um, und stellt auf diese Weise die Berührung der Ränder her. Dabei wird dann die zuerst bemerkte Auflockerung der Epidermisränder zum Teil wieder rückgängig gemacht. Die Verwachsungsstelle selbst markiert sich dabei durch eine Zellverdickung, die in den nächsten Tagen noch an Größe zunimmt. Etwa vom 5. Tage ab wird diese »Nahtleiste« wieder abgebaut und ist nach weiteren 2—3 Tagen verschwunden, so daß man ab 7.—8. Tage nach der Operation auf Schnitten den genauen Ort des Verwachsungsrandes nicht mehr feststellen kann. Nur wenn die Ränder des Transplantats sich umgeschlagen haben, hat man daran einen Anhaltspunkt, wo man den Verwachsungsrand zu suchen hat.

Die oft beobachtete Wölbung des Transplantats kommt dadurch zustande, daß ein zu großes Transplantat seine sämtlichen Ränder umschlägt bei Vereinigung mit den Wundrändern seines Trägers. Dadurch wird dann der mittlere Teil vom Auge abgerückt. Diese Vorwölbung des Transplantats bringt es auch mit sich, daß man am lebenden Tier noch wochenlang die Größe des Transplantats und seine Ränder mit einiger Sicherheit bestimmen kann. Auf diese Weise kann man feststellen, daß das Transplantat wächst. Nun kommt es vor, daß nicht an allen Rändern das Transplantat gewölbt ist oder nicht überall gleich stark. Trotzdem zieht sich früher oder später die transplantierte Haut ebenso glatt über das Auge hin, wie die Conjunctiva und die angrenzende Körperhaut auf der nicht operierten Seite. Daraus schließe ich auf ein ungleiches Wachstum des Transplantats.

b) Transplantate, die keine Aufhellung zeigen.

Es sind dies ausnahmslos alle diejenigen, die aus allen drei Hautschichten bestehen: Epidermis, Bindegewebe- und Cutismelanophorenschicht. Die Vereinigung dieser Schichten mit den entsprechenden des Wirtstieres ist etwa am 8. Tage nach der Operation hergestellt. Aber auch Transplantate, an denen größere Teile der Cutismelanophorenschicht haften, die über dem Auge liegen bleiben, werden nicht aufgehellt. Ebenso solche, die sich sehr stark gewölbt haben. Diese werden auch dann nicht aufgehellt, wenn sie in der Hauptsache nur aus Epidermis bestehen.

Da man bei allen diesen Transplantaten, mit Ausnahme der zuerst genannten, das Auge anfangs unter ihnen mehr oder minder deutlich sieht, während es nach 2—3 Wochen nicht mehr zu erkennen ist, so schließe ich daraus, daß die unvollständige Cutismelanophorenschicht ergänzt wird. Weiterhin verhalten sich dann alle Transplantate gleich, und nach der Metamorphose liegt über dem Auge eine Hautschicht, die wie normale Körperhaut gebaut ist und auch in der Färbung ihr gleicht.

c) Aufhellung der Transplantate.

Bei der Aufhellung der Transplantate kann man zwei Perioden unterscheiden. In der ersten bemerkt man, wie die im Transplantat vorhandenen Reste von Bindegewebe und Cutismelanophoren über dem Auge weggedrängt werden. Diese Phase kann sich früher oder später bemerkbar machen, je nachdem, wie groß die Reste sind, und ob das Transplantat mehr oder weniger gewölbt ist. In der zweiten Periode tritt dann die Aufhellung der Epidermis ein. Diese geht in der Weise vor sich, daß die Epidermiszellen ihr Pigment verlieren und zu Conjunctivazellen umgewandelt werden. Während dieses Vorganges können aber noch Melanophoren in dem aufgehellten Epidermisbezirk verbleiben.

Beide Perioden folgen nicht in der Weise aufeinander, daß die erste in dem ganzen Bezirk, der später zur Conjunctiva wird, erst beendet sein müßte, ehe die zweite einsetzt. Es verhält sich vielmehr so, daß, sobald ein Stück Epidermis von Bindegewebe und Cutismelanophoren frei ist, hier die Aufhellung gleich einsetzt. Die Aufhellung reicht bis zu der Stelle, wo die Bindegewebsschicht an die Epidermis ansetzt.

Nach der Metamorphose ist über dem Auge eine normale Conjunctiva vorhanden, die dorsal aber weiter nach der Rückenmitte zu verschoben ist.

d) Die Entpigmentierung der Conjunctiva.

Über die Entpigmentierung der Conjunctiva wurde folgendes beobachtet (Entpigmentierung soll bedeuten: Verlust der Pigmentgranula der Epidermiszellen, Verlust der Epidermis- und der Cutismelanophoren). Es wurde schon vorhin erwähnt, daß die mittransplantierten Cutismelanophoren über dem Auge weggedrängt werden nach den Rändern des Transplantates zu. Hier zerfallen sie in kleine und kleinste Bröckchen. Ob diese dann durch Phagocytose entfernt werden, kann ich nicht mit Sicherheit behaupten. Man sieht ja wohl, daß die Pigmentbröckchen z. T. innerhalb eines Zelleibes liegen, ob dies aber eine Leukocyte ist oder der Zelleib der Melanophore, läßt sich an meinen Präparaten nicht entscheiden. Das Pigment der Epidermis und deren Melanophoren werden nach dem Innern des Auges zu ausgestoßen. Es ist möglich, daß dann Phagocytose eintritt. Eine sichere Entscheidung hierüber kann ich ebensowenig geben, wie oben bei den Cutismelanophoren.

Vor der Metamorphose, wenn von der Kaulquappe die äußere Zelllage der Epidermis am ganzen Körper abgestoßen wird, findet Entpigmentierung der Epidermis des Transplantats auch dadurch statt, daß sowohl die Pigmentgranula mit den äußeren Epidermiszellen abgestoßen wird, als auch die Melanophoren der Epidermis. Letztere werden von der übrigen Epidermis des Tieres nicht ausgestoßen.

Der Vorgang der Entpigmentierung der Conjunctiva findet bei einer regenerierten Conjunctiva in der gleichen Weise, durch Ausstoßung von Pigment und Melanophoren nach innen zu, statt.

e) Auflösung des Bindegewebes.

Die Auflösung des Bindegewebes in den aufgehellten Transplantaten geschieht nicht durch Phagocytose; denn man sieht einmal kaum Leukocyten (so habe ich in einem Präparat auf einem Schnitt nur zwei Zellen mit Sicherheit als Leukocyten ansprechen können. Auf anderen Schnitten fand ich oft gar keine. Selten aber wurden mehr, bis fünf Leukocyten unter dem ganzen Transplantat, auf einem Schnitt gezählt) und dann beobachtet man, daß sich das transplantierte Bindegewebe färberisch anders verhält: seine Kerne werden schlecht tingiert (Hämatoxylin-

Eosinfärbung) und sein Plasma wird rötlicher gefärbt als bei normalem Bindegewebe desselben Tieres. Schließlich sieht man auch Stellen, wo sich keine Kerne mehr nachweisen lassen, und wo das Plasma eine homogene, wie gequollen erscheinende Masse, darstellt. Aus diesen Befunden erscheint mir hervorzugehen, daß das Bindegewebe einer flüssigen Degeneration anheimfällt.

D. Zusammenfassende Besprechung des Resultates aller drei Serien.

Wenn nach Exstirpation des Auges Pigmentierung der Conjunctiva eintritt und eine Einwanderung der Epidermismelanophoren in dieselbe statthat, — wenn nach Abtragung der Conjunctiva, falls das Auge erhalten bleibt, eine normale Conjunctiva regeneriert wird oder, geht das Auge ein, die in Bildung begriffene Conjunctiva wieder pigmentiert wird, wie bei Exstirpation des Auges, — wenn über das Auge transplantierte Epidermis zu einer normalen Conjunctiva wird, — so folgt daraus, daß die gemeinsame Ursache aller dieser Veränderungen im Vorhandensein oder Fehlen des Auges zu suchen ist.

Nun hat *Lewis* (17) Untersuchungen über die frühembryonalen Entwicklungsursachen der Conjunctiva angestellt und dabei gefunden, daß die Umänderung des Ektoderms vollständig unterbleibt, wenn der Augenbecher entfernt wird, ehe eine Aufhellung der über ihm liegenden Haut sich bemerkbar macht. Daraus geht hervor, daß für die Bildung der Conjunctiva das Auge ein notwendiger Faktor ist.

Aus den Ergebnissen bei der Augenexstirpation muß man folgern, daß das Auge auch zur Erhaltung der dauernden Funktionsfähigkeit der Conjunctiva nötig ist. Zu demselben Resultat kommt *Fischel* (13), der das gleiche Experiment gemacht hat. Auch die Resultate der Versuche über die Abtragung der Conjunctiva zwingen zu derselben Schlußfolgerung.

Eine weitere Fähigkeit des Auges zeigen die Transplantationen. Hier bildet es die Epidermis der Rückenhaut, also schon differenziertes Gewebe, zu einer normalen Conjunctiva um. Doch zeigen die Transplantationsversuche zugleich, daß es hierbei für das Auge eine Grenze gibt, über die hinaus es keine Umdifferenzierung mehr bewirken kann.

Ehe ich aber weiter gehe, wird es zweckmäßig sein, vorher den Nachweis zu erbringen, daß es das Transplantat selber ist, das verändert wird, und daß nicht etwa dieses vorher durch Zellen seines Trägers verdrängt wird.

Zunächst spricht für die Erhaltung des Transplantats die Art der Einheilung. Der an der Nahtstelle sich bildende Zellkeil zeigt keine Spur eines Unterwachsungsrandes. Von beiden Seiten biegen die hier verlängerten Zellen der unteren Epidermisschicht nach dem Körperinnern um, so daß die eine Hälfte das Spiegelbild der anderen darstellt.

Außerdem ist die Zelleiste nach 8 Tagen ganz verschwunden. Von da ab kann man die Verwachsungsstelle nicht mehr feststellen. Das alles spricht dafür, daß die an der Nahtstelle sich bildende Zelleiste — *Cole* (4) hat bei seinen Versuchen die Verwachsung in der gleichen Weise beobachtet — zur Einleitung der Verwachsung dient, nicht aber dafür, daß von hier aus das Gewebe des Transplantats durch das seines Trägers verdrängt wird.

Ferner kann die Aufhellung des Transplantats schon am 4. Tage beginnen, also zu einer Zeit, wo das Transplantat noch nicht einmal richtig eingeheilt ist, wo darum auch von einer Verdrängung desselben noch keine Rede sein kann.

Und schließlich noch: Das Transplantat wird nicht immer aufgehellt. Eine abgetragene Conjunctiva wird aber stets regeneriert, wenn das Auge erhalten bleibt. Bei den Transplantationen geht aber das Auge niemals ein, also müßte dann doch — angenommen, es fände eine Verdrängung des Transplantats statt — sich immer bei den Transplantationen eine Conjunctiva bilden.

Es ist nun zu erklären, wie es kommt, daß einmal das Transplantat aufgehellt wird, ein anderes Mal nicht. Der Grund dafür liegt in dem Transplantate selbst. Besteht dieses in der Hauptsache aus Epidermis, und ist es über dem Auge nicht zu stark gewölbt, dann tritt Aufhellung ein. Sind aber alle drei Hautschichten transplantiert, oder hat die Haut des Transplantats sich sehr stark gewölbt, so unterbleibt die Aufhellung. Daraus geht hervor: einmal, daß nur die Epidermis aufgehellt wird, und zweitens, daß die übrigen Hautschichten, wenn sie sich zwischen Epidermis und Auge schieben, die Umdifferenzierung der Epidermis verhindern.

Bei Transplantation von Epidermis wird sich die Mitübertragung geringer Reste von Bindegewebe und Cutismelanophoren kaum vermeiden lassen. Es wird aber beobachtet, daß diese über dem Auge weggedrängt werden und schließlich ganz verschwinden. Daß der bewirkende Faktor hierfür, oder vielleicht besser gesagt der diesen Vorgang auslösende Faktor, das Auge ist, kann nicht bezweifelt werden.

Es bleibt jetzt noch übrig, den Einfluß, den die starke oder schwache Wölbung des Transplantats auf das Endresultat hat, zu erklären. Aus dem mitgeteilten Befunde geht hervor, daß die Reste von Bindegewebe und Cutismelanophoren bei glatt liegenden oder gering gewölbten Transplantaten über dem Auge nach den Rändern zu weggedrängt werden. In stark gewölbten Transplantaten aber verbleiben sie in der über dem Auge befindlichen Kuppe. Daraus kann man folgern: Entweder wirkt der vom Auge ausgehende Reiz nur auf eine beschränkte Entfernung; eine Annahme, die mir bei den hier in Betracht kommenden Abständen zwischen Auge und Epidermis wenig annehmbar erscheint.

Oder aber, es weichen die mittransplantierten Reste dem vom Auge ausgehenden Reiz weitestmöglich aus. In dem einen Falle müssen sie sich dann an die Ränder des Transplantats begeben — denkbar wäre, daß sie mechanisch durch die Wölbung des Auges nach den Rändern zu verdrängt werden —, im anderen Falle aber sind sie in der Kuppe des Transplantats weiter aus der Wirkungssphäre des Auges. In der Kuppe vereinigen sie sich dann zu zusammenhängenden Schichten. Transplantate aber, die über dem Auge große Teile unverletzter Bindegewebs- und Cutismelanophorenschichten haben, werden nie aufgehellt.

Dadurch also, daß sich bei stark gewölbten Transplantaten über dem Auge eine Bindegewebs- und Cutismelanophorenschicht bildet, wird in diesen Fällen die Aufhellung verhindert. Dasselbe Transplantat aber wäre, falls es in der Hauptsache nur aus Epidermis bestand, aufgehellt worden, wenn es etwas kleiner gewesen wäre, oder, was dasselbe ist, wenn das über dem Auge weggenommene Hautstück größer gewesen wäre (wie die Wölbung des Transplantats zustande kommt, wurde ja schon erklärt).

Hier möchte ich nun auch noch etwas näher auf die Arbeit von *Cole* (4) eingehen. Dieser transplantierte bei *Rana catesbeiana* und *Rana calamitans* Haut vom Schwanz, Rücken und Bauch auf das Auge, sowohl autoplastisch als auch homoioplastisch. Letztere Transplantationen werden aber wohl nicht, wie bei mir, zwischen Geschwistern aus demselben Laichballen gemacht sein, da *Cole* sein Material entweder im Freien sammelte oder vom Händler bezog. Abweichend von mir ist auch die Art seiner Versuchsanordnung, da er die Conjunctiva nur umschnitt und nicht — wenigstens nicht in allen Fällen — auch entfernte. Einen Unterschied zwischen beiden Versuchen macht er in der nachfolgenden Beschreibung seiner Ergebnisse nicht, doch gewann ich den Eindruck, als ob er meistens die Conjunctiva nicht entfernt hat.

Bei Übertragung von Schwanzhaut wurde in sechs Fällen das Transplantat über dem Auge aufgehellt. Die Größe dieses Bezirks entsprach der Größe des Auges. Da Verfasser allgemein angibt, daß die Dauer der Periode, in der diese und andere Umwandlungen statthaben, 3 Wochen dauert, und da er diese Periode — er nennt sie »Adjustementperiod« — rechnet von der vollendeten Anheilung des Transplantats bis zur Zeit, wo kein weiteres »Adjustement« mehr eintritt, so nehme ich an, daß er diese Tiere nicht bis zur Metamorphose aufgezogen hat. Jedenfalls macht er hierüber keine Angaben. Aber er erwähnt auch nicht, daß die Aufhellung später zurückgeht. Sie wird also bis zum Abschluß der Versuche geblieben sein.

Transplantierte Rückenhaut blieb stets unverändert. Der Grund dieses verschiedenen Verhaltens und auch für die Nichtaufhellung bei der Mehrzahl der Schwanzhauttransplantationen ist meiner Ansicht nach derselbe, der auch bei meinen Versuchen Aufhellung oder nicht bewirkt hat. Folgende Gründe sprechen dafür: *Cole* erwähnt, daß Schwanzhautstücke teilweise fast nur aus Epidermis bestanden, Rückenhautstücke aber aus Ober- und Unterhaut. Das läßt vermuten, daß das Fehlen des Bindegewebes und der übrigen Hautschichten bei den transplantierten Schwanzhautstücken die Aufhellung ermöglicht hat — vielleicht gehörten jene sechs Tiere auch zu denen, welchen die Conjunctiva abgetragen war, in den Fällen aber, wo keine Aufhellung der Schwanzhautstücke eintrat, werden diese mit zu viel Bindegewebe, Chorda- und Nervengewebe behaftet gewesen sein. Die Nichtaufhellung der Rückenhauttransplantate steht ganz im Einklang mit meinen entsprechenden Versuchen.

Ferner beobachtete *Cole* in der »Adjustementperiod« an Schwanzhauttransplantationen noch ein anderes Verhalten, das er »Absorption« nennt (vgl. Abb. 29). Es weicht in diesen Fällen an irgendeiner nicht angewachsenen Stelle, oder, falls alle Ränder angewachsen sind, an der dünnsten Verwachsungsstelle das Transplantat zurück, bis ein Teil des Auges frei geworden ist. *Cole* führt dies auf mechanische Ursachen zurück, bedingt durch die starke Krümmung des Transplantats infolge der Konvexität des Auges. Auch hat er ein gleiches Verhalten beobachten können, wenn er Halbkugeln aus Glas oder anderem Material statt der Augen unter das Transplantat legte. Dies zeigt natürlich, daß »Absorption« nicht bloß durch das Auge bewirkt werden kann — daß es nicht die Fremdkörper als solche sind, welche »Absorption bewirken, beweist *Cole* dadurch, daß ebene Glasplatten, welche keine Konvexität des Transplantats hervorbrachten, keine »Absorption« bewirkten, auch nicht ausgestoßen wurden —, *Cole* sagt aber selbst, daß es nicht ausgeschlossen ist, daß auch »Funktionalursachen« des Auges »Absorption« bewirken können. Ich glaube, daß diese Ursachen der Hauptgrund für diese Erscheinung ist.

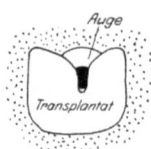

Abb. 29. »Absorption«. Nach *Cole*, vereinfacht. Der Rand des Transplantats ist an einer Seite in der Mitte eingezogen, so daß das Auge zum Teil freigeworden ist. Diesen Vorgang nennt *Cole* »Absorption«.

Einmal zeigte sich nämlich diese Erscheinung nicht bei transplantierter Rückenhaut. Das möchte ich zurückführen auf die mittransplantierte Unterhaut, während *Cole* annimmt, daß die geringere Schmiegsamkeit der Rückenhaut gegenüber den im allgemeinen dünneren und dadurch plastischeren Schwanzhauttransplantaten die Ursache gewesen ist.

Zweitens trat »Absorption« bei Schwanzhauttransplantaten nicht immer auf, wie ich glaube, aus dem gleichen Grunde wie bei der Rückenhaut; denn die Krümmung des Transplantats muß doch überall die gleiche gewesen sein.

Schließlich trat »Absorption« nie ein, wenn vorher das Auge entfernt wurde, oder der Opticus durchschnitten wurde. Letzteres veranlaßte schnelle Degeneration des Auges. Daß bei diesen Serien nur deshalb keine »Absorption« eingetreten sein soll, weil die starke Krümmung des Transplantats fehlt, scheint mir weniger wahrscheinlich als die Annahme, daß der Ausfall des Auges bzw. des von ihm ausgehenden Reizes die »Absorption« verhindert hat.

Bei der Annahme, daß eine zu starke Bindegewebsschicht verhindert, daß das Auge seinen Reiz zur Aufhellung der Epidermis ausüben kann, stehen die Ergebnisse der Versuche von Cole und mir und, worauf ich gleich noch zu sprechen komme, von *Fischel* in bestem Einklang.

Jedenfalls geht aus den Versuchen von Cole hervor, daß auch bei den von ihm verwendeten Arten von Rana das Auge einen Reiz auf transplantierte fremde Haut ausüben kann, der in günstigen Fällen die gestörte Sehfunktion des Auges wenigstens teilweise wieder herstellen kann. Daher kann ich nicht verstehen, wie *Cole* in seiner Zusammenfassung die These aufstellen kann, daß eine »funktionale Regulation« der über das Auge transplantierten Haut nicht statthat, wobei er hinzufügt, daß dieser Mangel an »korrelativer Regulation« resultiert aus der hohen Spezialisierung von Haut und Auge. Wie will er dann die sechs Fälle erklären, in denen transplantierte Schwanzhaut sich aufhellte? Dabei erwähnt *Cole* ausdrücklich, daß in diesen Fällen keine Anzeichen von Infektion oder abnormen Bedingungen vorhanden waren.

Auf die Frage der Verdrängung der transplantierten Haut durch Zellen ihres Wirtes, die auch *Cole* annimmt, bin ich schon früher eingegangen.

Man könnte sich noch fragen, ob auch Bindegewebe allein eine Aufhellung des Transplantats verhindern kann. Ich besitze in meinen Serien keine Tiere, bei denen ich mit Bestimmtheit behaupten könnte, daß keine Cutismelanophoren mittransplantiert wurden. Es scheint mir aber sehr wohl möglich, daß auch Bindegewebe ohne Cutismelanophoren die Aufhellung verhindert, wenn das Transplantat stark gewölbt wird. Die dann in der Kuppe sich bildende sehr dicke Bindegewebsschicht — dies habe ich an meinen Tieren beobachten können — könnte so lange der Auflösung widerstehen, bis die Cutismelanophorenschicht des Wirtstieres das Auge überwachsen hat. Hinzuweisen wäre in diesem Zusammenhang auch auf die Versuche von *Fischel* (12), der bei Salamanderlarven Augen und Teile derselben unter die Rückenhaut transplantierte und dabei eine Umänderung derselben erzielte, die als Umbildung im Sinne einer Conjunctivabildung anzusprechen ist. Keine Umdifferenzierung jedoch trat ein, wenn eine zu starke Bindegewebsschicht zwischen der Haut und den unter sie transplantierten Teilen lag.

Ferner steht sicher die Vergrößerung der regenerierten und der aus der transplantierten Haut entstandenen Conjunctiva mit dem Verhalten des Bindegewebes im Zusammenhang. Dieses setzt dorsal stets da an, wo die Conjunctiva aufhört. In der Literatur findet sich nun allgemein die Angabe, daß die Größe der Conjunctiva übereinstimmt mit der Größe der Berührungsfläche zwischen Augen oder Teilen von ihm und dem Ektoderm. Für meine Versuche muß ich statt dessen sagen — denn eine direkte Berührung der Conjunctiva mit dem Auge findet nicht statt —, die Conjunctiva wird so groß, wie die über dem Auge von Bindegewebe freie Fläche. Dies ist natürlich ebensowenig eine kausale Erklärung für die Vergrößerung der Conjunctiva wie die andere. Die Frage, welche Faktoren die normale Größe der Conjunctiva bedingen, oder welche sie bei Regeneration derselben oder ihrer Entstehung aus transplantierter Haut gegenüber der normalen vergrößern, bedarf einer erneuten Prüfung.

Noch einmal kurz zusammengefaßt, stehen also folgende Wirkungen des Auges fest — ich lasse dabei dahingestellt, ob das Auge selbst die Wirkungen unmittelbar hervorbringt oder ob es nur ein auslösender Faktor ist:

1. Erhaltung der Durchsichtigkeit der Conjunctiva;
2. Aufhellung der an Stelle der abgetragenen Conjunctiva
    a) regenerierten Epidermis,
    b) transplantierten Rückenhaut, falls diese in der Hauptsache aus Epidermis besteht und im weiteren Verlauf der Entwicklung keine Bindegewebs- und Cutismelanophorenschicht regeneriert wird.
3. Bei Transplantaten, die außer der Epidermis auch noch geringe Reste der Bindegewebs- und Cutismelanophorenschicht haben, ist Verdrängung dieser über dem Auge und ihre Auflösung möglich. Anschließend findet dann die Bildung einer normalen Conjunctiva statt.

Eine über das Auge mittransplantierte, oder aus den mittransplantierten Resten sich bildende Bindegewebs- und Cutismelanophorenschicht verhindert die unter 3 genannten Wirkungsmöglichkeiten des Auges.

Ist die Epidermis aber erst einmal zur Conjunctiva umgebildet, so wird sie bei Ausfall des Auges nicht wieder zu normaler Haut zurückgebildet.

Unabhängig vom Auge aber, wenn auch zu ihrer normalen Ausbildung nötig, ist die Bildung der Lidfalten. Diese findet stets statt, wenn eine Conjunctiva vorhanden gewesen ist, auch dann, wenn diese zur Zeit der Lidfaltenbildung durch die durch den Ausfall des Auges bewirkten Veränderungen funktionsunfähig geworden ist.

Daß ich die bei Atrophie des Auges beobachtete »rückläufige Entwicklung« oder »Umkehr der Entwicklung« nur als äußere Ähnlichkeit der Formzustände betrachte, habe ich schon erwähnt. Es scheint mir aber sehr wohl möglich, daß man durch genaue Beobachtung der »rückläufigen Entwicklung« und Vergleich mit der normalen, Aufschlüsse über die entwicklungsmechanischen Faktoren der Ontogenese bekommen kann.

E. Bemerkungen über die Differenzierung von Vorderbeinanlagen, die in den transplantierten Hautstücken mitübertragen wurden.

In dem Bestreben, bei sehr jungen Larven (etwa 4 1/2—5 mm Mund-Afterlänge) nicht bloß Epidermis zu transplantieren, sondern auch eine unverletzte Cutismelanophorenschicht, konnte nicht immer vermieden werden, daß auch einige andere Gewebsteile, die nicht zur Haut gehören, mittransplantiert wurden. So z. B. wurden Kiemenfäden mit übertragen, Knorpelstückchen habe ich in einem Falle auch beobachtet. In fünf Fällen wurde auch eine Beinanlage mittransplantiert. In zwei Fällen davon habe ich diese Tiere bis nach der Metamorphose leben lassen. Bei dem einen blieb das Bein unter der Haut liegen, das andere hatte ein frei über das Auge hervorragendes Transplantat. Dieser Unterschied ist bedingt durch die Orientierung der Beinanlage in dem Transplantat. Das geht hervor aus zwei Fällen, wo die Tiere schon auf jungem Stadium fixiert wurden. Bei dem einen ragt hier die Beinknospe frei nach außen hervor, während im anderen Falle ihr distales Ende auf das Auge zeigt.

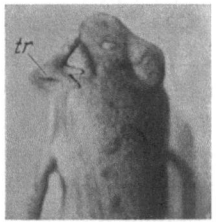

Abb. 30. Aufnahme eines jungen Fröschchens, in dessen Transplantat eine Beinknospe mit übertragen wurde. *tr* Transplantat.

Abb. 30 zeigt die Aufnahme des Tieres, bei dem das Transplantat hervorragte, zur Zeit, als es fixiert wurde. Man sieht, daß das Bein einen beträchtlichen Grad der Differenzierung erreicht hat. Oberarm, Unterarm und die vier Finger sind deutlich zu erkennen, ebenso die Höckerbildungen an den Gelenken und der Handwurzel.

Die mikroskopische Untersuchung dieses Tieres auf Querschnittserien ergab folgendes: Es ist normaler Knorpel vorhanden. Die Epiphysen der Skeletteile sind zu erkennen. Alle Gelenke sind gut abgesetzt. Muskelgewebe und Sehnen sind vorhanden. Außer den auch äußerlich erkennbaren Skeletteilen ist noch ein Teil des Schultergürtels vorhanden. Dieser ist aber sehr mißgebildet. Er stellt einen Knorpelzapfen dar, vor dem noch ein kleines, rundes Knorpelstück liegt. Mit seinem Schultergelenk ist das Transplantat zwischen Auge und Sclera eingedrungen. Eine Verwachsung zwischen ihm und Sclera ist nicht eingetreten. Wohl aber hat das Transplantat die Sclera stark deformiert. Ein Teil ihres Randes hat eine Scheide um das Ende des Schultergelenks gebildet. Der Augapfel ist an dieser Stelle weit von der Sclera abgerückt und deformiert. Es liegt diese Stelle im unteren Teil des Auges.

Im Gegensatz zu der hohen Differenzierung des Transplantats bei diesem Tiere steht das andere, bei dem die Beinanlage von Körperhaut bedeckt ist. Hier findet sich nur Knorpel und Bindegewebe. Zwar ist der Knorpel gegliedert, aber nicht in dem reichen Maße wie bei dem anderen Tier. Die Gelenke sind wohl angedeutet, aber nicht scharf abgesetzt. Eine morphologische Deutung der einzelnen Knorpelteile würde kaum durchführbar sein. Auge und Sclera sind auch bei diesem Tier durch das Transplantat in geringem Maße deformiert.

Die Transplantationen junger Hinterbeinanlagen in die Augenhöhle, die von *Dürken* (6) gemacht wurden, machen es wahrscheinlich, daß dieser Unterschied in der Differenzierung auf Nervenversorgung oder deren Fehlen beruht. Nun hat tatsächlich das gut differenzierte Bein Nervenversorgung, die vom Ganglion prooticum ausgeht, während bei dem anderen Falle Nervengewebe nicht zu finden ist.

Der Grund, weshalb einmal Nervenversorgung eingetreten ist und einmal nicht, ist wohl in der Orientierung der Beinanlage bei ihrer Einheilung zu suchen. Dies zeigen die beiden Präparate, die auf jungem Stadium fixiert wurden. Hier liegt in dem einen Falle die Beinknospe so, daß ihr distales Ende dem Körper zugekehrt ist. So kommt es, daß die ganze Anlage von einer Epithelhülle umschlossen ist, nach dem Inneren des Körpers zu von ihrem eigenen, und nach außen ist die Lücke, die die Epithelumhüllung sonst am proximalen Ende freiläßt, geschlossen. Dieser Befund macht wahrscheinlich, daß eine Nervenversorgung im weiteren Verlauf der Entwicklung nicht eingetreten wäre.

Ganz anders aber liegt die Sache in dem zweiten Fall, wo die mittransplantierte Beinanlage ihre normale Lagerung mit dem distalen Ende nach außen beibehalten hat. Hier ist nicht die ganze Anlage von Epithel umhüllt, sondern das proximale Ende ist frei davon, und man sieht, wie das Mesenchym der Anlage aus ihm herauswächst in das unterliegende Gewebe hinein. Daß hier Nervenversorgung leicht möglich ist, liegt klar auf der Hand.

F. Zusammenstellung der Ergebnisse.

Zahlreiche entwicklungsmechanische Untersuchungen zeigen, daß es nicht angängig ist, die Ergebnisse, die ein Experiment an einer bestimmten Spezies ergeben hat, ohne weiteres zu verallgemeinern. Es ist von vornherein nicht selbstverständlich, daß das gleiche Experiment bei verwandten Spezies dieselben Resultate liefert, ganz zu schweigen von einer kritiklosen Übertragung auf systematisch weit auseinander liegenden Gruppen. Ja, es können sich sogar einzelne Lokalrassen ganz verschieden verhalten (Näheres siehe *Dürken:* Vergleichende Entwicklungsmechanik, 1921).

Daher möchte ich, ehe ich die Resultate der vorliegenden Arbeit noch einmal kurz zusammenfasse, vorausschicken, daß die folgenden Sätze sich nur auf *Rana fusca* (*Rösel*) aus der Umgebung Breslaus beziehen. Wieweit andere Lokalrassen derselben Spezies, die anderen Spezies von *Rana,* oder entfernte verwandter Tiergruppen, das gleiche Verhalten zeigen, lasse ich dahingestellt.

Die Resultate, die sich ergaben, sind folgende:

1. Wird die Conjunctiva abgetragen, so regeneriert eine neue Conjunctiva, wenn das Auge erhalten bleibt.

2. Die regenerierte Conjunctiva ist größer als die normale der nicht operierten Seite; ihr dorsaler Rand ist nach der Medianen zu verschoben.

3. Geht infolge der Abtragung der Conjunctiva das eine Auge ein, so wird die regenerierende Haut aufgehellt, solange noch ein Teil vom Auge in der Augenhöhle vorhanden ist.

4. Nach vollständigem Schwund des Auges hat keine weitere Aufhellung mehr statt, und die erlangte wird wieder rückgängig gemacht.

5. Der Ausfall des Auges, sei es als Folge der Abtragung der Conjunctiva, sei es, daß das Auge unter Schonung der Conjuctiva exstirpiert wurde, verhindert nicht die Lidfaltenbildung.

6. Bei Ausfall des Auges wird die Conjunctiva nicht zu gewöhnlicher Körperhaut umgebildet.

7. Transplantierte Hautstücke bleiben erhalten und werden nicht durch einwandernde Zellen ihres Wirtstieres verdrängt.

8. Die Wundränder von Transplantat und Wirtstier haben das Bestreben, sich aneinanderzulegen.

9. Bei zu großen Transplantaten schlagen infolgedessen die Ränder desselben nach unten und innen um, bis sie sich mit den Wundrändern des Wirtstieres vereinigt haben.

10. Die transplantierte Haut kann sich aufhellen und eine normale Conjunctiva bilden.

11. Dies ist immer der Fall, wenn nur Epidermis transplantiert wird, und das Transplantat nicht zu groß ist.

12. Dasselbe tritt ein, wenn ein gut passendes Transplantat, das aus Epidermis und nicht zu großen Mengen von Bindegewebe und Cutismelanophoren besteht, verpflanzt wird.

13. Die aus dem Transplantat entstandene Conjunctiva verhält sich so, wie bei 2 gesagt wurde.

14. Das in der Epidermis des Transplantats vorhandene Pigment und seine Melanophoren werden in der Hauptsache an Ort und Stelle ausgestoßen.

15. Im Falle 12 werden Bindegewebsteile und Cutismelanophoren über dem Auge weggedrängt.

16. Hat die Aufhellung einmal begonnen, so wird sie stets zu Ende geführt bis zur Bildung einer normalen Conjunctiva.

17. Besteht das Transplantat aus unverletzter Epidermis-, Bindegewebs- und Cutismelanophorenschicht, so wird es nicht aufgehellt, sondern entwickelt sich zu gewöhnlicher Körperhaut und sieht nach der Metamorphose im allgemeinen so aus, wie die benachbarte Haut.

18. Das gleiche tritt ein, wenn ein zu großes Transplantat mit etwas Bindegewebe und Cutismelanophorenschicht transplantiert wird.

19. Etwa mittransplantierte Beinknospen entwickeln sich an ihrem neuen Ort weiter und können einen hohen Grad der Differenzierung erreichen.

20. Die Beinknospe kann innerviert werden.

Breslau, im Januar 1923.

Literaturverzeichnis.

1. *Barfurth, D.:* Regeneration und Transplantation. Ergebn. d. anat. u. Entwicklungsgesch. Bd. 22. 1914. — 2. *Bresca, G.:* Experimentelle Untersuchungen über die sekundären Sexualcharaktere der Tritonen. Arch. f. Entwicklungsmech. d. Organismen. Bd. 39. 1914. — 3. *Born, G.:* Verwachsungsversuche mit Amphibienlarven. Ibid. Bd. 4. 1897. — 4. *Cole, W. H.:* The transplantation of skin in frog tadpoles with special reference to the adjustements of grafts over eyes, and to the local specificity of integument. Jourh. of exp. zoöl. Bd. 35. 1922. — 5. *Dürken, B.:* Über einseitige Augenexstirpation bei jungen Froschlarven. Zeitschr. f. wiss. Zool. Bd. 105. 1913. — 6. Ders.: Das Verhalten transplantierter Beinknospen von *Rana fusca* und die Vertretbarkeit der Quelle des formativen Reizes. Ibid. Bd. 115. 1916. — 7. Ders.: Über Entwicklungskorrelationen und Lokalrassen bei *Rana fusca*. Biol. Zentralbl. Bd. 37. 1917. — 8. Ders.: Einführung in die Experimentalzoologie. Berlin 1919. — 9. Ders.: Vergleichende Entwicklungsmechanik. Arch. f. Entwicklungsmech. d. Organismen. Bd. 47. 1921. — 10. *Feßler, F.:* Zur Entwicklungsmechanik des Auges. Ibid. Bd. 46. 1920. — 11. *Fischel, A.:* Über Beeinflussung und Entwicklung des Pigments. Arch. f. mikrosk. Anat. Bd. 47. 1896. — 12. Ders.: Über rückläufige Entwicklung. Arch. f. Entwicklungsmech. d. Organismen. Bd. 42. 1917. — 13. Ders.: Beiträge zur Biologie der Pigmentzelle. Anatomische Hefte. Bd. 58. 1920. —14. *Fuchs, R. F.:* Der Farbwechsel und die chromatische Hautfunktion der Tiere. Wintersteins Handb. d. vergl. Physiol. Bd. 3, 1. Hälfte, II. Teil. — 15. *Gaupp, E.:* Anatomie des Frosches. Braunschweig 1896. — 16. *Kornfeld, W.:* Abhängigkeit der metamorphotischen Kiemenrückbildung vom Gesamtorganismus der *Salamandra maculosa*. Arch. f. Entwicklungsmech. d. Organismen. Bd. 40. 1914. — 17. *Lewis, W. H.:* Experimental studies on the origin and development of the eye in amphibia. II. On the cornea. Journ. of exp. zoöl. Bd. 2. 1905. — 18. *Loeb, L.:* Über Regeneration des Epithels. Arch. f. Entwicklungsmech. d. Organismen. Bd. 6. 1898. — 19. *Löwenstein, A.:* Experimentelle Untersuchungen über die Regeneration des Hornhautepithels. Graefes Arch. f. Ophthalmol. Bd. 85. 1913. — 20. *Oppel, A.:* Kausalmorphologische Zellstudien. V. Mitteilung. Die aktive Epithelbewegung. Arch. f. Entwicklungsmech. d.

Organismen. Bd. 35. 1912. — 21. *Ribbert, H.:* Die Veränderungen transplantierter Gewebe. Ibid. Bd. 6. 1899. — 22. *Schmidt, W. I.:* Über Chromatophorenvereinigung bei Amphibien, insbesondere Froschlarven. Anat. Anz. Bd. 51. 1918. — 23. Ders.: Über die sog. Xantholeukophoren beim Laubfrosch. Ibid. Bd. 51. 1918. — 24. Ders.: Über Methoden zur mikroskopischen Untersuchung der Farbzellen und Pigmente in der Haut der Wirbeltiere. Zeitschr. f. wiss. Mikroskop. Bd. 35. 1918. — 25. Ders.: Über pigmentfreie Ausläufer, Kerne und Zentren der Melanophoren bei den Fröschen. Arch. f. Zellforsch. Bd. 15. 1921. — 26. *Schuberg, A.:* Untersuchungen über Zellverbindungen. Zeitschr. f. wiss. Zool. Bd. 74. 1903. — 27. *Taube, E.:* Regeneration mit Beteiligung ortsfremder Haut bei Tritonen. Arch. f. Entwicklungsmech. d. Organismen. Bd. 49. 1921. — 28. *Ubisch, L. v.:* Üper die Harmonie des tierischen Entwicklungsgeschehens. Naturwissenschaften. Bd. 10. 1921. — 29. *Uhlenhut, E.:* Die synchrone Metamorphose transplantierter Salamanderaugen. Arch. f. Entwicklungsmech. d. Organismen. Bd. 36. 1913. — 30. Ders.: Die Zellvermehrung in den Hautkulturen von *Rana pipiens.* Ibid. Bd. 42. 1917. — 31. Ders.: Studien zur Linsenregeneration bei den Amphibien. Ibid. Bd. 45. 1919; Bd. 46. 1920. — 32. *Wachs, H.:* Neue Versuche zur Wolffschen Linsenregeneration. Ibid. Bd. 39. 1914. — 33. *Weigl, R.:* Homoioplastische und heteroplastische Hauttransplantationen bei Amphibien. Ibid. Bd. 36. 1913. — 34. *Weiß, O.:* Zur Histologie der Anurenhaut. Arch. f. mikrosk. Anat. Bd. 87. 1916. — 35. *Whiteside, B.:* The development of the saccus endolymphaticus in *Rana temporaria* Linné. Americ. journ. of anat. Bd. 30. 1922. — 36. *Winkler, F.:* Studien über Pigmentbildung. Arch. f. Entwicklungsmech. d. Organismen. Bd. 29. 1910. — 37. *Wolff, G.:* Entwicklungsphysiologische Studien. I. Die Regeneration der Urodelen-Linse. Ibid. Bd. 1. 1895. — 38. *Zimmermann, K. W.:* Über die Teilung der Pigmentzellen, speziell der verästelten intraepithelialen. Arch. f. mikrosk. Anat. Bd. 36. 1919.

Inhaltsverzeichnis.

Patzelt, Viktor, Hypoplasie der Keimdrüsen und das Verhalten der Zwischenzellen bei Rana esculenta. Mit 3 Textabbildungen 1

Gurwitsch, Alexander, Die Natur des spezifischen Erregers der Zellteilung. Unter Mitwirkung der Herren Stud. nat. S. Grabje und S. Salkind. Mit 11 Textabbildungen und 5 Tabellen 11

Hertwig, Paula, Bastardierungsversuche mit entkernten Amphibieneiern. Mit Tafel I und 3 Textabbildungen 41

Möllendorff, Wilh. von und M. Dörle, Über die Färbung der elastischen Fasern des Nackenbandes. Beiträge zur Theorie der histologischen Färbung, 2. Mitteilung. Mit 1 Textabbildung 61

Alberti, W. und G. Politzer, Über den Einfluß der Röntgenstrahlen auf die Zellteilung. Mit 23 Textabbildungen und 4 Tabellen 83

Himmer, A., Untersuchungen über den physiologischen und morphologischen Farbwechsel bei Amphibien. Mit 20 Textabbildungen 110

Křiženecký, Jaroslav und Vladimir Cetl, Über die Abhängigkeit der Variabilität der Körpergröße von dem Grade der Assimilationsintensität 164

Mangold, Otto, Transplantationsversuche zur Frage der Spezifität und der Bildung der Keimblätter. Mit 51 Textabbildungen 198

Deutsch, Josef, Über die Beeinflussung frühester Entwicklungsstufen von Amphibien durch Organsubstanzen. (Thyreoidea, Thymus, Ovarium, Testis, Supraren.) I. Mitteilung. Mit 8 Textabbildungen und 2 Tabellen 302

Brelje, Rob. v. d., Ein Fall von Zwitterbildung bei Aëdes meigenanus. (Diptera, Culicidae.) Mit 15 Textabbildungen 317

Giglio-Tos, Ermanno, Entwicklungsmechanische Studien. III. Teil. Wirkung der Eihülle. Mit 6 Textabbildungen 344

Groll, Otto, Über Transplantation von Rückenhaut an Stelle der Conjunctiva bei Larven von Rana fusca (Rösel). Mit 30 Textabbildungen . . 385

Kleine Mitteilung:

Roux, W., Angebliche „gestaltende" Wirkung der Hypnose in der Zeugung 430

Institute: Rhoda Erdmann 432

VERLAG VON JULIUS SPRINGER IN BERLIN W 9

Soeben erschien:

Theoretische Biologie
Vom Standpunkt der Irreversibilität des elementaren Lebensvorganges

Von

Professor Dr. Rudolf Ehrenberg
Privatdozent für Physiologie an der Universität Göttingen

(VI, 348 S.)
9 Goldmark; gebunden 10 Goldmark
Fürs Ausland: 2.15 Dollar; gebunden 2.40 Dollar

Aus dem Inhalt:

Einleitung. — Tod und Zellteilung. — Enzym und Ablauf. — Altern, Wachstum und celluläre Excretion. — Assimilation und Autonomie. — Immunität und Individualität. — Konstitution und Disposition. — Formbildung und Vererbung. — Individuum und Art. — Gehirn und Bewußtsein.

MIX
Papier aus verantwortungsvollen Quellen
Paper from responsible sources
FSC® C105338

If you have any concerns about our products,
you can contact us on
ProductSafety@springernature.com

In case Publisher is established outside the EU,
the EU authorized representative is:
**Springer Nature Customer Service Center GmbH
Europaplatz 3, 69115 Heidelberg, Germany**

Printed by Libri Plureos GmbH
in Hamburg, Germany